Recueil d'exercices pratiques de métallurgie extractive des métaux non-ferreux

Recueil d'exercices pratiques de métallurgie extractive des métaux non-ferreux

Didier WAMANA Ngoie
Roger RUMBU
Prof. Gabriel ILUNGA Mutombo

2RA-Edition

Rumbu, Roger

Recueil d'exercices pratiques de métallurgie extractive des métaux non-ferreux / Authors Rumbu, Roger / Wamana, Didier Ngoie / Ilunga, Gabriel Mutombo

Includes bibliographical references

ISBN 978-1535582513

First edition 2016

Crédit photo de couverture : R. K. Creative Design

Edité par 2RA - Edition

ISBN-13: 978-1535582513

First Edition November 2016

Cover Design: R. K. Creative Design

Copyright: ©2016 by 2RA-Edition

Ce livre contient des informations issues de sources hautement crédibles et référencées. La responsabilité de l'auteur n'est aucunement engagée en cas d'application lacunaire des techniques et pratiques décrites en se basant sur les descriptions et paramétrages issus de cet ouvrage. Aucune partie de cet ouvrage ne peut être reproduite par quelque moyen que ce soit sans en faire explicitement référence ou sans l'avis des ayants-droit. Pour toutes informations, veuillez vous adresser à edition@2ra-company.com.

Des mêmes auteurs :

Introduction To Mining Business Projects, 2RA-Publishing, Cape Town – South Africa, 2017. ISBN 978-1541066359.

Hydrométallurgie du cuivre : Grillage – Lixiviation – SX – Electro-extraction, 2RA-Publishing, Cape Town – South Africa, 2016. ISBN : 978-0-620-64972-8.

Métallurgies du Zinc et des Métaux Associés, 2RA-Publishing, Cape Town – South Africa, 2016. ISBN : 978-1516818556

Extractive Metallurgy of Cobalt, 2RA-Publishing, Cape Town – South Africa, 2016. ISBN : 978-1516843527

Non-ferrous Extractive Metallurgy – Industrial Practices, 2RA-Publishing, Cape Town – South Africa, 2014. ISBN : 978-1-920600-03-7

Introduction à la métallurgie extractive des terres rares, 2RA-Publishing, Cape Town – South Africa, 2012. ISBN : 978-1-920600-28-0

Métallurgie extractive du cobalt, 2RA-Publishing, Cape Town – South Africa, 2012. ISBN : 978-1-920600-30-3

Métallurgie Extractive des Non-Ferreux – Pratiques Industrielles, 3rd Edition, 2RA-Publishing, Cape Town – South Africa, 2015. ISBN : 978-1515316299

Métallurgie Extractive des Non-Ferreux – Pratiques Industrielles, 2nd Edition, 2RA-Publishing, Cape Town – South Africa, 2012. ISBN : 978-1-920600-02-0

Table des matières

Table des matières -- VI
Table des figures --- XI
Partie I : METALLURGIE GENERALE -------------------------------------- 16
1. Introduction – Principes de chimie et thermochimie appliqués à la métallurgie extractive -- 16
1.1 La loi des gaz parfaits : -- 16
1.2 Loi de Dalton : --- 16
2. Fonctions thermodynamiques --- 17
2.1 L'Enthalpie -- 17
2.1.1 Définition et chaleur de réaction -- 17
2.1.2 Loi de Hess -- 18
2.1.3 Variation de la chaleur de réaction avec la température --------- 19
2.1.4 Détermination de la température atteinte en fin de réaction pour un système adiabatique -- 20
2.1.5 Détermination de la chaleur de réaction dans le cas de réduction des oxydes métalliques --- 21
2.2 Entropie --- 22
2.2.1 Définition -- 22
2.2.2 Variation de l'entropie avec la température ------------------------- 22
2.3 Enthalpie libre ou énergie libre de Gibbs --------------------------- 22
2.4 Contenu physique du concept d'enthalpie libre ------------------ 24
3. Exercices -- 24
3.1 Calcul du volume d'air -- 24
3.2 Calcul des volumes de gaz -- 25
3.3 Calcul des volumes de gaz -- 25
3.4 Calcul du pouvoir calorifique --- 27
3.5 Calcul du volume d'air -- 27
3.6 Calcule du volume de gaz --- 28
3.7 Calcule du volume de gaz --- 28
3.8 Calcule du volume de gaz --- 29
3.9 Calcule du volume de gaz --- 29

3.10	Calcule du volume de gaz	30
3.11	Calcule du volume de gaz	31
3.12	Distillation du zinc	31
3.13	Grillage de concentrés	32
3.14	Chaleur de combustion	34
3.15	Calculs de combustion	35
3.16	Calcul du Pouvoir calorifique	36
3.17	Calcul de l'enthalpie normale de formation	36
3.18	Calculs thermodynamiques	37
3.19	Calculs thermodynamiques	38
3.20	Calculs thermodynamiques - Plomb	39
3.21	Calculs thermodynamiques sur la dissociation du carbonate ferreux	39
3.22	Calculs thermodynamiques	40
3.23	Calculs thermodynamiques	41
3.24	Calculs thermodynamiques	42
Partie II : PYROMETALLURGIE		**44**
1.	Introduction	44
1.1	La calcination	45
1.1.1	Cas des carbonates	45
1.1.2	Cas des sulfates	45
1.1.3	Cas des arséniates et arsénites	46
1.1.4	Cas des phosphates	46
1.2	Le grillage	46
1.2.1	Définition	46
1.2.2	Considération chimique et thermique	46
1.2.2.1	Du point de vue chimique	46
1.2.2.2	Du point de vue thermique	47
1.2.2.3	Type de grillage	47
1.2.2.4	Buts du grillage	47
1.2.2.4.1.	En pyrométallurgie	47
1.2.2.4.2	En hydrométallurgie	48
1.3	La fusion pour matte	48

1.3.2	Généralités	48
1.3.3	Aspect physico-chimique de la fusion pour matte	49
1.4	Le convertissage	50
1.5	La fusion réductrice	51
1.5.2	Généralités	51
1.5.3	Fondements métallurgiques de la réduction	51
1.5.4	Comportement des éléments lors de la réduction	52
1.5.5	La scorie	53
1.5.6	Approche thermodynamique de la réduction carbothermique	53
1.5.7	Calcul du lit de fusion	54
2	Exercices	54
2.2	Calcul de composition	54
2.3	Calcul de la gangue	55
2.4	Calcul de la matte	55
2.5	Calcul de la matte	56
2.6	Calcul de la matte	57
2.7	Calcul de la matte	58
2.8	Calcul de la matte au réverbère	58
2.9	Calculs au four à réverbère	64
2.10	Calculs au four à réverbère	65
2.11	Calculs au haut-fourneau	69
2.12	Calculs au four à réverbère	71
2.13	Calculs au four à cuve	72
2.14	Calculs au four à réverbère	75
2.15	Calculs de fusion	76
2.16	Calculs de fusion	77
2.17	Calculs au four à réverbère	80
2.18	Calculs au four à réverbère	82
2.19	Calculs au four à cuve	85
2.20	Calculs du grillage	88
2.21	Calcul de la mise de coke	90
2.22	Fusion carbothermique	91
2.23	Réduction carbothermique	92

2.24 Calcul au four électrique ------- 97
2.25 Calcul de charge au four electrique ------- 99
2.26 Le choix d'une scorie ------- 101
Partie III : HYDROMETALLURGIE ------- 105
1. Introduction ------- 105
1.1 Généralités ------- 105
1.1.1 Avantages de l'hydrométallurgie ------- 105
1.1.2 Désavantages de l'hydrométallurgie ------- 105
1.1.3 Opérations unitaires en hydrométallurgie ------- 106
1.2 La lixiviation ------- 107
1.2.1 Introduction ------- 107
1.2.1.1 Thermodynamique des réactions chimiques de lixiviation 107
1.2.1.2 Cinétique chimique de la lixiviation ------- 109
1.2.2 Types des lixiviations par le chimisme ------- 110
1.2.3 Techniques de la lixiviation ------- 110
1.2.4 Critères d'évaluation d'une opération de lixiviation ------- 110
1.2.4.1 Bilan (B) ------- 111
1.2.4.2 La solubilisation (S) ------- 111
1.2.4.3 Rendement de solubilisation (ou de lixiviation) (R_l) ------- 111
1.2.4.4 Consommation d'acide totale (CAT) ------- 111
1.2.4.5 Consommation d'acide par la gangue (CAG) ------- 112
1.2.4.6 Poids de la gangue (Pr) ------- 112
1.3 Séparation solides-liquide ------- 112
1.4 Purification des solutions ------- 113
1.5 Récupération du métal mis en solution ------- 113
1.5.1 Précipitation du métal par cémentation ------- 113
1.5.2 Electrolyse d'extraction ------- 114
1.5.2.1 Les réactions électrochimiques principales ------- 114
1.5.2.2 La tension aux bornes de la cellule ------- 114
1.5.2.3 La loi de la production ------- 115
1.5.2.4 Consommation spécifique d'énergie ------- 115
1.5.2.5 Calcul du débit entrée salle d'électrolyse ------- 116
2. Exercices ------- 116

2.1	Analyse de flow-sheet	116
2.2	Analyse de flow-sheet	120
2.3	Calcul de lixiviation	122
2.4	Calcul d'une usine hydrométallurgique de zinc	124
2.5	Calculs d'une usine hydrométallurgique	126
2.6	Calculs d'une usine de production de sels de cobalt	127
2.7	Calculs d'une usine hydrométallurgique	129
2.8	Calculs de cémentation	131
2.9	Calculs d'électro-extraction	132
2.10	Calculs d'électro-extraction	133
2.11	Calculs d'électro-extraction	135
2.12	Calculs d'électro-extraction du zinc	136
2.13	Calculs d'électro-extraction du cobalt	138
2.14	Calculs d'affinage électrolytique du plomb	140
2.15	Calculs d'une usine d'électro-raffinage de cuivre	142
2.16	Calculs du traitement hydrométallurgique d'un minerai oxydé 143	

Table des index ------ 152

Références ------ 153

Table des figures

Figure 1 – Opérations unitaires. 106
Figure 2 - Diagramme E- pH du cuivre et de ses oxydes. 108
Figure 3 - diagramme E-pH du fer et de ses oxydes. 109
Figure 4 - Flow-sheet   a 145
Figure 5 - Flow-sheet   b 146

REMERCIEMENTS

A tous ceux qui ont contribué d'une manière ou d'une autre à ce que ce nouvel ouvrage paraîsse, à vous nos nombreux lecteurs intéressés, industriels, professeurs, spécialistes, scientifiques, ingénieurs, nos étudiants-ingénieurs, et techniciens, passionnés, amis, collègues et à nos familles, nous n'aurons assez de mots pour vous remercier.

Professeur Gabriel Ilunga Mutombo, Roger Rumbu, Didier Wamana.

PREFACE

L'enseignement théorique de la métallurgie extractive dispensé aux étudiants des sciences appliquées a pour but de les familiariser avec les opérations fondamentales de l'industrie métallurgique, de leur faire prendre conscience des problèmes scientifiques, techniques et économiques que pose la pratique industrielle et de les habituer aux méthodes de raisonnement utilisées dans cette science.

Cet enseignement doit cependant être complété par des travaux pratiques en laboratoire et des travaux dirigés. L'objectif de cette publication est donc de permettre aux étudiants d'acquérir les mécanismes simples, indispensables à connaître lorsque l'on désire se familiariser avec les applications pratiques de l'extraction métallurgique.

En outre, c'est un outil de référence pour les ingénieurs qui sont déjà dans la pratique industrielle.

Il est généralement admis que l'Aluminium, le Cuivre, l'Etain, le Plomb et le Zinc sont les éléments les plus représentatifs des métaux non-ferreux.

Les deux métaux de transition le Cobalt et le Nickel font aussi partis de ce groupe. Dès lors, nous avons axé cet ouvrage sur les exercices et les problèmes d'extraction de la plupart de ces métaux.

Chaque partie contient un rappel des notions de base qui interviennent dans la belle et excitante aventure de l'obtention des métaux non-ferreux à partir de leurs minerais. Ceci permettra au lecteur de saisir plus facilement les méthodes utilisées dans la résolution d'exercices et problèmes posés.

Les Auteurs

AVANT – PROPOS

La métallurgie est définie comme l'ensemble des procédés et technologies d'élaboration des matériaux métalliques et de transformation de ces matériaux pour une utilisation donnée.

La métallurgie est subdivisée en :

- Métallurgie extractive qui s'occupe de l'extraction du métal de son ou de ses minerais ;
- Métallurgie physique : qui s'occupe des phénomènes physiques qui se produisent dans les matériaux métalliques lorsque ceux-ci sont soumis à des sollicitations externes (thermiques, mécaniques ou thermomécaniques) ;
- Métallurgie mécanique : qui s'occupe de la mise en forme des matériaux.

La métallurgie extractive, elle, est divisée en deux grands groupes qui sont la métallurgie extractive des métaux non-ferreux et la métallurgie extractive des métaux ferreux (sidérurgie).

La métallurgie extractive des non-ferreux est composée de trois grandes filières :

- La pyrométallurgie : extraction par voie sèche.
- L'hydrométallurgie : extraction par voie humide.
- L'électrométallurgie : utilisation de l'énergie électrique comme moyen d'extraction.

Le choix du procédé d'extraction du métal est influencé par plusieurs paramètres dont :

- l'analyse qualitative et quantitative du minerai.
- la valeur de l'investissement.
- l'emplacement de l'usine (présence d'eau, disponibilité des sources d'énergie, pollution, …).
- l'importance du gisement.
- le coût d'exploitation.
- le marché.

- la pureté exigée pour le métal à obtenir.
- etc.

A ce point de vu, le travail du métallurgiste d'extraction est de choisir le procédé d'extraction le plus intéressant et de veiller constamment à son amélioration.

Ce recueil d'exercices est un outil qui permettra à l'étudiant futur ingénieur métallurgiste de se faire la main sur des questions d'ordre pratique.

Partie I : METALLURGIE GENERALE

1. Introduction – Principes de chimie et thermochimie appliqués à la métallurgie extractive

Quelques lois et principes fondamentaux.

Une molécule – gramme (ou atome – gramme) d'un corps pur quelconque comprend $6,02.10^{23}$ molécules (ou atomes). C'est le nombre d'Avogadro.

Une mole – gramme d'un gaz parfait occupe un volume de 22,4 l. Dans les conditions normales c'est-à-dire à 0 °C et 760 mm Hg.

1.1 La loi des gaz parfaits :

Cette loi s'écrit : $PV = nRT$

Avec : R : Constante des gaz parfaits ;
R = 0,08204 l atm/°K mole = 8,314 x 10^7 erg/°K mole avec P en dyne/cm² = 1,987 Cal/°K mole avec P en équivalent calorifique.

1.2 Loi de Dalton :

Pour un mélange de gaz parfaits, la pression totale P est égale à la somme des pressions partielles P_i que chaque gaz aurait s'il occupait à lui seul tout le volume réservé au mélange.

$$P = \sum_{i=1}^{n} P_i$$

P_i : Pression partielle du gaz d'espèce i dans le mélange

D'après la loi des gaz parfaits, si n_i est le nombre de moles de gaz d'espèce i dans le mélange et n le nombre total de moles présentes dans le mélange $n = \sum_{i=1}^{n} n_i$

$$P_i V = n_i RT \qquad (1)$$

D'où : $P_i = \frac{n_i}{n} P_i$

$$PV = nRT \qquad (2)$$

2. Fonctions thermodynamiques
2.1 L'Enthalpie
2.1.1 Définition et chaleur de réaction

D'après le premier principe de la thermodynamique, on sait que lorsqu'un système reçoit une quantité de chaleur dQ, cette chaleur est transformée en une variation de l'énergie interne du système dU et à un travail dA fourni par le système au milieu extérieur.

$$dQ = dU + dA \qquad (1)$$

En métallurgie, le travail dA est dû aux forces de pression et dans ce cas $dA = pdV$ s'il y a variation de volume à pression constante.

On appelle enthalpie du système, l'expression : $H = U + PV$

Si le système est le siège d'une transformation par exemple d'une réaction chimique, on aura une variation d'enthalpie.

$$dH = dU + PdV + VdP$$

Si la pression est constante, ce qui est le cas général en métallurgie on a : $\quad dH = dU + PdV \qquad (2)$

De (1) et (2), on tire que $(dQ)_P = dH$

Si on appelle chaleur de réaction d'une réaction chimique la quantité de chaleur qu'il faut enlever du système pour que les produits et les agents de la réaction restent à la même température que celle à laquelle on a initié la réaction, on peut écrire :

$$Chaleur\ de\ réaction = \int_1^2 dQ$$

En métallurgie, on utilise la chaleur de réaction à pression et température constante :

$$r_{p,T} = -\int_1^2 dQ = -\int_1^2 dH$$

$$r_{p-T} = -(H_2 - H_1) = -\Delta H_{rx,T}$$

Pour une réaction exothermique : $r_{p,T}$ est positif et $\Delta H_{rx,T}$ négatif.

Pour une réaction endothermique : $r_{p,T}$ est négatif et $\Delta H_{rx,T}$ positif.

L'enthalpie est une fonction d'état, c'est-à-dire que la valeur ne dépend que de l'état final et de l'état initial et non du chemin parcouru.

La chaleur latente de transformation allotropique, de fusion, de vaporisation ou de sublimation est la variation de l'enthalpie à la température de transformation allotropique, de fusion, de vaporisation ou de sublimation.

Ainsi, on a :

$\Delta H_t = L_t$ Chaleur latente de transformation allotropique ;

$\Delta H_f = L_f$ Chaleur latente de fusion ;

$\Delta H_v = L_v$ Chaleur de vaporisation ;

$\Delta H_s = L_s$ Chaleur latente de sublimation.

2.1.2 Loi de Hess

La chaleur de réaction globale d'une réaction qui est la somme algébrique d'une ou plusieurs autres réactions est la somme algébrique des chaleurs de réactions partielles.

Exemple : Calculer la chaleur de réaction à 298°K de la réaction :

$Cr_2O_3 + 3C \rightarrow 2Cr + 3\ CO$ sachant que :

$2\ Cr + 3/2\ O_2 \rightarrow Cr_2O_3 \quad -\Delta_{298}H = 270\ Kcal/mole \quad (1)$

$C + ½\ O_2 \rightarrow CO \quad -\Delta_{298}H = 26{,}4 Kcal/mole \quad (2)$

$-\Delta H_{298} = -\Delta H_{298}(1) - 3(\Delta H_{298})(2)$

$\qquad\qquad = -270 + 3(26{,}4)$

$r_{p,298} = -\Delta H_{298} = -190{,}8\ kcal$

Généralisation de la loi de Hess :

$$r_{p,T} = -\left(\sum H_{produits} - \sum H_{agents}\right)_T$$

Les enthalpies des éléments pris à 25 °C sont égales à 0 parce que selon cette convention on ne sait pas mesurer les enthalpies mais seulement la différence d'enthalpies.

2.1.3 Variation de la chaleur de réaction avec la température

La variation de l'enthalpie d'une mole d'un corps pur avec la température, s'il n'y a pas de changement d'état ou de transformation allotropique, s'écrit :

$$H_T = H_{T0} + \int_{T0}^{T} C_P dt$$

Avec C_P : chaleur spécifique molaire qui est fonction de la température suivant une relation du type :

$$a + bT + cT^2;\ a + bT + cT^{-1/2}\ ou\ a + bT + cT^{-2}$$

Où : a, b et c sont des constantes.

Si dans le domaine des températures considérées, il y a transformation allotropique, fusion, vaporisation et sublimation, on aura :

$$H_T = H_{T_0} + \int_{T_0}^{T_t} CpdT + L_t + \int_{T_t}^{T_f} Cp'dT + L_f + \int_{T_f}^{T_v} Cp''dT + L_v + \int_{T_v}^{T} Cp'''dT$$

Dans ces conditions, $\Delta H_{rx,T} = \Delta H_{rx,T_0} + \int_{T_0}^{T} CpdT$

2.1.4 Détermination de la température atteinte en fin de réaction pour un système adiabatique

Un système adiabatique est un système dans lequel il n'y a pas d'échange de chaleur avec l'extérieur. On sait que la chaleur de réaction à 25°C et à pression constante est la chaleur dégagée par cette réaction lorsque les agents et les produits de cette réaction sont maintenus à 25°C tout au long de la réaction parce qu'on suppose évacuer les calories au fur et à mesure de l'avancement de la réaction. Dès lors si on suppose qu'on n'évacue pas de calories et que le système est sans pertes (adiabatique), on atteindra en fin de réaction une température finale telle que l'enthalpie des produits à la température finale moins l'enthalpie des produits à 298°K soit égale à la chaleur de réaction à 298°K.

$$r_{p,298} = H_{Produits,T_{finale}} - H_{Produits,298°C}$$

Si les agents ont été préchauffés à une certaine température initiale, nous pouvons calculer la température finale de deux façons :

- En prenant 25°C comme température de référence, il y a, dans ce cas, une certaine chaleur emmagasinée dans les agents de réaction.

$$H_{Produits,T_{finale}} - H_{Produits,298°C} = r_{p,298} + \underbrace{H_{agents,T_{initiale}} - H_{agents,T_{finale}}}_{chaleur\ emmagasinée}$$

- En prenant la température initiale comme température de référence, on ne considère plus la chaleur emmagasinée mais la chaleur de la réaction est prise à température initiale et non à 298 K.

$$H_{produit,T_{finale}} - H_{produit,T_{initiale}} = r_{p,T_{initiale}}$$

Ceci est en fait l'expression du bilan thermique sous différentes formes.

De façon générale, un bilan thermique est tout simplement exprimé comme ceci :

$$\underbrace{chaleur_{agents} + chaleur_{réaction}}_{chaleur\ à\ l'entrée} = \underbrace{chaleur_{produits} + pertes\ éventuelles}_{chaleur\ à\ sortie}$$

2.1.5 Détermination de la chaleur de réaction dans le cas de réduction des oxydes métalliques

Réduction indirecte : Réduction par CO

Le plus grand réducteur métallurgique est le carbone. Mais, quand on l'utilise indirectement sous forme de CO, on fait une réduction indirecte.

$MeO + CO \rightarrow Me + CO_2$

$2Me + O_2 \rightarrow 2MeO + x\ Kcal\ /\ moleO_2$

$CO + \frac{1}{2}O_2 \rightarrow CO + 135\ Kcal\ /\ moleO_2$

$2Me + O_2 \rightarrow 2MeO + x$

$2CO + O_2 \rightarrow 2CO_2 + 135$

$MeO + 2CO \rightarrow Me + 2CO_2 - x + 135$

Réduction directe

$MeO + C \rightarrow Me + CO$

$2Me + O_2 \rightarrow 2MeO + x\ Kcal\ /\ moleO_2$

$2C + O_2 \rightarrow 2CO + 52,8\ Kcal\ /\ moleO_2$

$2MeO + 2C \rightarrow 2Me + 2C - x + 52,8$

Remarques : La réduction indirecte étant exothermique, elle donne la chaleur nécessaire à la fusion des charges enfournées. Par voie de conséquence, elle est plus favorisée que la réduction directe qui elle, est endothermique. Il y a lieu de signaler que par sa nature, la réduction indirecte consomme peu de combustible.

2.2 Entropie
2.2.1 Définition

Si on fournit de manière réversible une quantité de chaleur dQ à un système à température constante, on appelle $\dfrac{dQ}{T}$ la variation d'entropie dS du système au cours de ce processus. L'entropie est une mesure du degré d'ordre de la structure d'une substance. Plus la substance est ordonnée, plus faible est l'entropie et vice versa. C'est ainsi que la fusion et l'évaporation augmente l'entropie de la substance. L'entropie est une fonction d'état et s'exprime généralement en Calorie/°K mole.

2.2.2 Variation de l'entropie avec la température

La relation qui donne la variation de l'entropie avec la température dans un domaine de température où il n'y a ni transformation allotropique, ni évaporation, ni fusion est

$$S_T = S_{T_0} + \int_{T_0}^{T} \frac{Cp}{T} dT$$

Par contre, si dans le domaine de température considéré il y a transformation allotropique, fusion et évaporation, nous aurons :

$$S_T = S_{T_0} + \int_{T_0}^{T_t} \frac{Cp}{T} dT + \frac{L_t}{T_t} \int_{T_t}^{T_f} \frac{C'p}{T} dT + \frac{L_f}{T_f} \int_{T_f}^{T_v} \frac{C''p}{T} dT + \frac{L_v}{T_v} \int_{T_v}^{T} \frac{C'''p}{T} dT$$

L'entropie des éléments n'est pas nulle à 298 °K mais bien à 0 °K (-273 °C).

La variation d'entropie d'une réaction est donnée par

$$\Delta S_{réactifs,T} = \Delta S_{réactifs,T_0} + \int_{T_0}^{T} \frac{Cp}{T} dT$$

2.3 Enthalpie libre ou énergie libre de Gibbs

Par définition l'énergie libre de Gibbs s'écrit :

$$G = H - TS$$

L'énergie libre de Gibbs est une fonction d'état et pour un gaz parfait, elle s'écrit :

$$G_T = G_T^0 + RT \ln P$$

Avec :

$G_T°$: enthalpie libre du gaz à 1 atmosphère et à la température T.

Si nous passons de 1 atm à une pression P d'une façon isotherme, alors :

$$\Delta G_T = G_T - G_T^0 = RT \ln P$$

Dans le cas d'une réaction chimique écrite en toute généralité

$$\alpha A + \beta B \rightarrow \chi C + \delta D$$

ΔG à une température et pression donnée est représentée par l'isotherme de VANT'HOFF.

$$\Delta G = -RT \ln K_T + RT \ln \frac{a_C^\chi . a_D^\delta}{a_A^\alpha . a_B^\beta}$$

Où :
- K est la constante d'équilibre de la réaction.
- a activité (fugacité dans le cas des gaz) des produits et des agents à la température fixée T.
- G est une énergie qui sert à casser les liaisons entre l'atome et électron d'un atome.

Par définition, l'activité d'un corps pur est égale à l'unité, tout comme la fugacité d'un gaz à la pression 1 atmosphère. Quand toutes les substances qui participent à la réaction sont pures, c'est-à-dire quand les activités et les fugacités sont égalent à 1, l'énergie libre est dite « STANDARD » et notée :

$$\Delta G_T^0 = -RT \ln K_T = -4{,}575\, T \log K_T$$

2.4 Contenu physique du concept d'enthalpie libre

- La variation de H est la somme de la variation de l'énergie U (la variation de l'énergie cinétique et potentiel des atomes du système) et du travail d'expansion PV.
- L'enthalpie libre G représente l'énergie nécessaire à casser les liaisons des électrons d'un atome à un autre. Elle peut fournir un travail. De ce fait, elle est la différence entre l'enthalpie et la chaleur latente de réaction.
- La chaleur latente des réactions correspond à l'énergie de liaison qui ne peut fournir du travail. Cette énergie de liaison est due à l'agitation thermique des atomes et molécules et est mesurée par TS.

En métallurgie ΔG^0 décrit les phénomènes à l'électrolyse lorsqu'il s'agit des variations à température constante et les réactions en métallurgie thermique lorsqu'il s'agit de la variation à pression constante.

3. Exercices
3.1 Calcul du volume d'air

Un convertisseur de cuivre contient 8000 Kg de Cu_2S. On y injecte de l'air (21% O_2) de manière à obtenir du cuivre suivant la réaction : $Cu_2S + O_2 \rightarrow 2Cu + SO_2$. On demande le volume d'air nécessaire pour transformer tout le sulfure de cuivre.

Solution

Selon l'équation équilibrée de la réaction de convertissage, il faut 1 mole de O_2 pour transformer 1 mole de Cu_2S en Cu.

Or le nombre des moles de Cu_2S est :

$$n(Cu_2S) = \frac{m(Cu_2S)}{M(Cu_2S)} = \frac{8000}{159{,}2} = 50{,}26\ kmoles$$

Donc, il faut 50 kmoles de O_2 pour transformer tout le minerai.

En considérant l'O_2 comme un gaz parfait, le volume correspondant d'O_2 sera : $V(O_2) = n(Cu_2S) \times 22{,}4 = 1120\,m^3$

V (O_2) représente 21% du volume d'air nécessaire, donc :

$$V_{air} = \frac{1120 \times 100}{21} = 5333\,m^3$$

3.2 Calcul des volumes de gaz

Une quantité d'azote occupe 10 m³ à 55°C sous pression de 720 torrs. Quel est son volume à 300°C sous 950 torrs ?
Solution

$V_1 = 10\,m^3$; $P_1 = 720$ torrs ; $T_1 = 328$ K
$V_2 = ?$; $P_2 = 950$ torrs ; $T_2 = 573$ K

En assimilant l'azote aux gaz parfaits, nous aurons :

$$\frac{P_1 \times V_1}{T_1} = \frac{P_2 \times V_2}{T_2} \Rightarrow V_2 = \frac{P_1 \times V_1 \times T_2}{P_2 \times T_1}$$

$$V_2 = \frac{720 \times 10 \times 573}{950 \times 328} = 13{,}24\,m^3$$

3.3 Calcul des volumes de gaz

Un four métallurgique utilise un schiste bitumeux de composition : C : 72,2% ; H : 5,0% ; N : 1,7% ; O : 7,8% ; S : 0,8% ; Cendres : 12,5%. Les résidus de combustion contiennent 25% de C non brûlé ; l'air ambiant est à 22°C sous une pression de 751 torrs ; on utilise un supplément de 50% d'air par rapport à la réaction théorique.

- *Quel est le volume d'air théorique nécessaire pour brûler 1 Kg de schiste (conditions normales) ?*
- *Quel est le volume d'air dans les conditions d'utilisation ?*
- *Quel est le volume des produits de la réaction et leur composition ?*

1 Kg de schiste contient : 0,722 Kg de C ; 0,05 Kg de H ; 0,017Kg de N ; 0,078Kg de O ; 0,008Kg de S et 0,125Kg de cendres.

Solution

- Nous aurons dans le four les réactions suivantes :
  (1) $C + O_2 \rightarrow CO_2 \Rightarrow n_{(C)} = n_{(O_2)}$

Comme 25% de C ne brûlent pas, ce sont $(0{,}722 \times 75)/100 = 0{,}54$ Kg de C qui participent à la réaction.

$$n(C) = \frac{0{,}54}{12} = 0{,}045 \text{ kmoles}$$
$$V(O_2)_1 = 0{,}045 \times 22{,}4 = 1{,}01 \text{ m}^3$$

(2) $H_2 + \frac{1}{2}O_2 \rightarrow H_2O \Rightarrow n(O_2) = n(H_2)/2$

$$n(H) = \frac{0{,}05}{1} = 0{,}05 \text{ kmoles}$$
$$n(O_2) = \frac{0{,}05}{2} = 0{,}025 \text{ kmoles}$$
$$V(O_2)_2 = 0{,}025 \times 22{,}4 = 0{,}56 \text{ m}^3$$

(3) $S + O_2 \rightarrow SO_2 \Rightarrow n(S) = n(O_2)$

$$n(S) = \frac{0{,}008}{32} = 0{,}00025 \text{ kmoles}$$
$$n(O_2) = 0{,}00025 \text{ kmoles}$$
$$V(O_2)_3 = 0{,}00025 \times 22{,}4 = 0{,}0056 \text{ m}^3$$

Le volume d'O$_2$ total correspondant aux réactions est :
$$V_{O_2(t)} = 1{,}01 + 0{,}56 + 0{,}0056 = 1{,}5756 \text{ m}^3$$

Comme le schiste contient 0.078 Kg d'O correspondant à $V(O_2) = 0{,}0546$ m^3, alors le volume d'oxygène total nécessaire aux réactions sera :
$$V_{O_2} = 1{,}5756 - 0{,}0546 = 1{,}51 \text{ m}^3$$

L'oxygène ne constitue que 21% de l'air théorique nécessaire, donc
$$V_{air\,th} = \frac{1{,}51 \times 100}{21} = 7{,}19 \text{ m}^3$$

- Dans les conditions d'utilisation, on travaille avec excès d'air de 50% sous une pression de 751 torrs et à une température de 22°C.

Le volume d'air réel dans les conditions normales est :
$$V_{air\,CN} = 7{,}19 + (7{,}19 \times 0{,}5) = 10{,}785 \text{ m}^3$$

Dans les conditions d'utilisation :
$$V_{air} = \frac{760 \times 10{,}785 \times 295}{273 \times 751} = 11{,}79 \text{ m}^3$$

- 3° Les produits de la réaction sont : CO_2, SO_2, H_2O, N_2, O_2

  CO_2 dans (1) : $n(C) = n(CO_2) = 0{,}045$ kmoles $\Rightarrow V(CO_2) = 1{,}01$ m^3
  SO_2 dans (3) : $n(S) = n(SO_2) = 0{,}00025$ kmoles $\Rightarrow V(SO_2) = 0{,}0056$ m^3
  H_2O dans (2) : $n(H) = n(H_2O) = 0{,}05$ kmoles $\Rightarrow V(H_2O) = 1{,}12$ m^3

$N_2 \Rightarrow V(N_2) = 11,79 \times 0,79 = 9,31 \ m^3$

$O_2 \Rightarrow V(O_2) = 1,51 \times 0,50 = 0,755 \ m^3$

$V_{(t)} = 1,01 + 0,0056 + 1,12 + 9,31 + 0,755 = 12,2 \ m^3$

La composition des produits de la réaction est :

$CO_2: (1,01/12,2) \times 100 = 8,28\%$

$SO_2: (0,0056/12,2) \times 100 = 0,046\%$

$H_2O: (1,12/12,2) \times 100 = 9,18\%$

$N_2: (9,31/12,2) \times 100 = 76,3\%$

$O_2: (0,755/12,2) \times 100 = 6,2\%$

3.4 Calcul du pouvoir calorifique

Calculer le pouvoir calorifique du gaz suivant :

CH_4 : 94,2% O_2 : 0,6%

C_2H_4 : 0,8% CO : 0,8%

CO_2 : 0,4% N_2 : 3,2%

Pouvoir calorifique :- CO : 3034 cal/m^3

- C_2H_4 : 14250 cal/m^3

- CH_4 : 8590 cal/m^3

Solution

1 m^3 de ce gaz contient :

0,942 m^3 de CH_4 ; 0,008 m^3 de C_2H_4 ; 0,004 m^3 de CO_2 ; 0,006 m^3 de O_2 ; 0,008 m^3 de CO ; 0,032 m^3 de N_2.

Parmi ces composants du gaz, les composants actifs c'est-à-dire ceux qui peuvent brûlés avec O_2 pour produire de la chaleur sont : CH_4, CO et C_2H_4.

Les réactions de combustion sont :

$CH_4 + 2 \ O_2 \rightarrow CO_2 + 2 \ H_2O$

$CO + \frac{1}{2} \ O_2 \rightarrow CO_2$

$C_2H_4 + 3 \ O_2 \rightarrow 2 \ CO_2 + 2 \ H_2O$

Alors, le pouvoir calorifique de ce gaz est :

$$C_p = \sum C_{p_i} x V_i$$

$= 8590 \times 0.942 + 14250 \times 0.008 + 3034 \times 0.008 = 8230 \ cal/m^3$

3.5 Calcul du volume d'air

A quel volume d'air correspond 10,75 m^3 pris dans les conditions normales, lorsque T=302,5 °K ; P=720 mm Hg et l'humidité *relative est de 80%. On donne la pression de vapeur d'eau saturée à 302,5 °K = 31 mm Hg.*

Solution

$V_1 = 10{,}75 \text{ m}^3$; $T_1 = 298$ K ; $P_1 = 760$ mm Hg

$V_2 = ?$; $T_2 = 302{,}5$ K ; $P_2 = 720 + 31 = 751$ mm Hg

$$V_2 = \frac{760 \times 10{,}75 \times 302{,}5}{298 \times 751 \times 0{,}8} = 13{,}8 \text{ m}^3$$

3.6 Calcule du volume de gaz

A la température de 25°C et sous une pression de 250 torrs, quel est le poids de 28,317 m³ de CO ?

Solution

$V_1 = 28{,}317 \text{ m}^3$; $P_1 = 750$ torrs ; $T_1 = 298$ °K

$V_2 = ?$; $P_2 = 760$ torrs ; $T_2 = 273$ °K (conditions normales)

En considérant le CO comme gaz parfait, nous pouvons écrire :

$$\frac{P_2 \times V_2}{T_2} = \frac{P_1 \times V_1}{T_1}$$

$$V_2 = \frac{P_1 \times V_1 \times T_2}{P_2 \times T_1} = \frac{750 \times 28{,}317 \times 273}{760 \times 298} = 25{,}6 \text{ m}^3$$

Dans ces conditions, 1 mole occupe 22,4 l

Nombre de moles de CO : $n_{(CO)} = \frac{25{,}6}{22{,}4} = 1{,}14 \text{ kmoles}$

Or, $n_{(CO)} = \frac{m_{(CO)}}{M_{(CO)}} \Rightarrow m_{(CO)} = n_{(CO)} \times M_{(CO)} = 1{,}14 \times 28 = 32 Kg$

3.7 Calcule du volume de gaz

Quel est le volume d'acétylène produit par 0,907 Kg de CaC_2 selon la réaction :

$$CaC_2 + H_2O \rightarrow CaO + C_2H_2$$

Solution

Nous avons 0,907 Kg de CaC_2 qui correspond à :

$N(CaC_2) = 0{,}907/64 = 14{,}17$ moles

Or selon la réaction, une mole de CaC_2 produit une mole de C_2H_2. Donc 0,907 de CaC_2 produit 14,17 moles de C_2H_2.

Dans les conditions normales, une mole occupe 22,4 l

$\Rightarrow V(C_2H_2) = 14{,}17 \times 22{,}4 = 317{,}45$ l

3.8 Calcule du volume de gaz

Combien de m^3 d'air sont nécessaires pour brûler 1000 m^3 de gaz de composition suivante (en volume) : CH_4 : 40% ; C_2H_4 : 10% ; CO : 20% ; H_2 : 30%.

Solution

1000 m^3 de ce gaz contient :
400 m^3 de CH_4 $\Rightarrow$ $n(CH_4)$ = 400/22,4 = 17,85714286 kmoles
100 m^3 de C_2H_4 $\Rightarrow$ $n(C_2H_4)$ = 100/22,4 = 4,4642 kmoles
200 m^3 de CO $\Rightarrow$ $n(CO)$ = 200/22,4 = 8,928571 kmoles
300 m^3 de H_2 $\Rightarrow$ $n(H_2)$ = 300/22,4 = 13,3928 kmoles

Les réactions de combustion sont :

$CH_4 + 2\ O_2 \rightarrow CO_2 + 2\ H_2O$ $\Rightarrow n(O_2) = 2\ n(CH_4) = 35,7142$ kmoles
$C_2H_4 + 3\ O_2 \rightarrow 2\ CO_2 + 2\ H_2O$ $\Rightarrow n(O_2) = 3\ n(C_2H_4) = 13.3928$ kmoles
$CO + ½\ O_2 \rightarrow CO_2$ $\Rightarrow n(O_2) = n(CO)/2 = 4,4642$ kmoles
$H_2 + ½\ O_2 \rightarrow H_2O$ $\Rightarrow n(O_2) = n(H_2) = 6,6964$ kmoles

Le nombre total de moles d'oxygène nécessaires pour brûler ce gaz est :
$n(O_2)_{tot}$ = 60,2676 Kmoles
$V(O_2)$ = 60,2676 x 22,4 = 1349,99 m^3

En acceptant que dans l'air, il y a 21% d'O_2,
V_{air} = (1349,99 x 100)/21 = 6428 m^3

3.9 Calcule du volume de gaz

Trouver le volume dans les conditions standards de 500 mg de chlore.

Solution

$$n_{(Cl_2)} = \frac{m_{(Cl_2)}}{M_{(Cl_2)}} = \frac{500}{70,914} = 7,05\ moles$$

Or, une mole occupe dans ces conditions 22,4 l
Donc, V (Cl_2) = 7,05 x 22,4 = 157,9 l

3.10 Calcule du volume de gaz

2 l d'acétylène réagissent avec 50 l d'air. En supposant l'eau condensée et le volume négligeable, quel est le volume des gaz après la réaction ?

Solution

La réaction de combustion de l'acétylène est :

$C_2H_2 + 5/2\ O_2 \rightarrow 2\ CO_2 + H_2O$

Le gaz après réaction sera constitué du N_2 (gaz inerte), du CO_2 et du O_2 résiduel. L'eau sera sous forme liquide.

$n(C_2H_2) = V(C_2H_2)/22,4 = 0,089$ moles

50 l d'air contient 50 x 0,21 = 10,5 l d'O_2 et 39,5 l de N_2

Selon la réaction

$n(CO_2) = 2\ n(C_2H_2) = 0,17857$ moles

$V(CO_2) = 0,1785 \times 22,4 = 4$ l

$n(O_2) = 5/2\ n(C_2H_2) = 0,2225$ l

$V(O_2) = 0,2225 \times 22,4 = 4,984$ l

Donc, $V(O_2)$ en excès = 10,5 – 4,984 = 5,516 l

En définitive, le volume des gaz est :

$V(N_2) = 39,5$ l

$V(O_2) = 5,516$ l

$V(CO_2) = 4$ l

NOTE : Pour les exercices suivants, on pourra utiliser les chaleurs de formation données :

CO_2 : - 97 200 cal	$PbSO_4$: - 214 200
CO : - 29 160	PbO : - 52 500
CH_4 : - 19 100	Al_2O_3 : - 389 500
C_2H_4 : 9 560	ZnS : - 43 000
C_2H_2 : 54 340	Cu_2S : - 18 950
SiO_2 : - 211 000	$CuSO_4$: - 178 700
FeS_2 : - 35 600	ZnO : - 83 260
Fe_3O_4 : - 266 000	$ZnSO_4$: - 229 500
FeS : - 23 050	SO_2 : - 70 940
FeO : - 64 100	SO_3 : - 91 600
Fe_2O_3 : - 191 600	H_2O : - 57 840
$FeSO_4$: - 217 200	CaO : - 151 600
PbS : - 22 200	$CaCO_3$: - 285 900

3.11 Calcule du volume de gaz

2 tonnes de FeS pur sont brûlées en SO_2 et Fe_2O_3. Calculer la chaleur totale émise et celle émise par 1 Kg de Fe, 1 Kg de S et 1 Kg de FeS.

<u>Solution</u>

La réaction de grillage est :
2 FeS + 7/2 O_2 → Fe_2O_3 + 2 SO_2
D'une façon générale, la chaleur émise est :

$$r_{p,t} = -(n_{Fe_2O_3} \times \Delta H_{Fe_2O_3} + n_{SO_2} \times \Delta H_{SO_2} - n_{FeS} \times \Delta H_{FeS}$$

a) Pour 2 tonnes = 2000 Kg de FeS prises comme base de calcul :
n(FeS) = 2000/88 = 22,727 kmoles
n(SO_2) = n(FeS) = 22,727 kmoles
n(Fe_2O_3) = ½ n(FeS) = 11,363 kmoles
$r_{p,t} = 11,363x(-191000) + 22,727x(-70940) - 22,727x(-23050)$
$r_{p,t} = -3264636,8$
$-r_{p,t} = 3264636,8$

b) Pour 1 kg de Fe
Il y a 56 kg de Fe dans 88 kg de FeS, donc 1 kg de Fe forme 88/56 = 1,57 kg de FeS
$-r_{p,t} = (3264636,8 x 1,57)/2000 = 2562\ Kcal$

c) Pour 1 kg de S :
Il y a 32 kg de S dans 88 kg de FeS, donc 1 kg de S forme 88/32 = 2,75 kg de FeS
$-r_{p,t} = (3264636,8 x 2,75)/2000 = 4489\ Kcal$

d) Pour 1 kg de FeS
$-r_{p,t} = 3264636,8/2000 = 1632\ kcal$

3.12 Distillation du zinc

Une cornue de zinc nécessite 900 kg de charbon ayant un pouvoir calorifique de 7500 kcal/kg pour distiller 1 tonne de Zn (en partant de 0°C). Quelle est l'efficacité de l'opération si on suppose que les vapeurs de zinc sont évacuées à 930°C ?

C_p moyen Zn solide : $0,096 + 0,000044.t$

Chaleur de fusion : 28,13 cal/g

C_p Zn liquide : 0,179

Chaleur de vaporisation : 446 cal/g

Point de fusion : 450 °C

Solution

La chaleur nécessaire pour distiller 1 kg de Zn est donnée par :

$$\Delta H = \int_0^{T_f} C_p \, dT + L_f + \int_{Tf}^{T_v} C'_p \, dT + L_v$$

$$\Delta H = \int_{273}^{723} [0{,}096 + 0{,}000044(T-273)] dT + 28{,}13 + \int_{723}^{1203} 0{,}179 \, dT + 446$$

$$\Delta H = \int_{273}^{723} (0{,}084 + 0{,}000044 T) dT + 474{,}13 + \int_{723}^{1203} 0{,}179 \, dT$$

$$= [0{,}084T + 0{,}000022T^2]_{273}^{723} + [0{,}179T]_{723}^{1203} + 474{,}13$$
$$= 60{,}732 + 11{,}5 - 22{,}932 - 1{,}64 + 215{,}337 - 129{,}417 + 474{,}13$$
$$= 607{,}75 \text{ kcal / kg de Zn}$$

Théoriquement, pour 1 tonne de zinc, il faut 607,75 x 1000 = 607 750 kcal

Or, réellement, pour une tonne de Zn, la cornue utilise 7500x900 = 6 750 000 kcal

Donc, l'efficacité de l'opération est :

$$E = \frac{607750}{6750000} \times 100 = 9\%$$

3.13 Grillage de concentrés

Un four de grillage brûle 60 tonnes de concentré par 24 heures. L'analyse du concentré donne : PbS : 60% ; FeS : 20% ; ZnS : 5% ; SiO_2 : 15%. Le grillage du concentré donne les produits suivants :

FeS :	*- 80% Fe_2O_3*	*PbS :*	*- 40% PbO*
	- 10% $FeSO_4$		*- 30% $PbSO_4$*
	- 10% non grillé		
ZnS :	*- 90 % ZnO*		

- *10% ZnSO₄*

Calculer :

a) *la chaleur totale émise par 24 heures*
b) *la quantité théorique d'air nécessaire en conditions standards*
c) *le volume des gaz émis à 250 °C et 760 torrs, en utilisant un excès d'air de 100%.*

Solution

60000 kg de ce concentré contient :

36000 kg de PbS ; 12 000 kg de FeS ; 3 000 kg de ZnS et 9 000 kg de SiO_2

1° Comportement de FeS

- 80 % de FeS c'est-à-dire 9 600 kg de FeS se transforment en Fe_3O_4 selon la réaction : $2FeS + 7/2 O_2 \rightarrow Fe_2O_3 + 2SO_2$.

n(FeS) = 9600/98 = 109 kmoles
n(SO₂) = n(FeS) = 109 kmoles
n(O₂) = 7/4 n(FeS) = 190,75 kmoles
n(Fe₂O₃) = ½ n(FeS) = 54,5 kmoles

$$-r_{p,t} = -(n_{SO_2} \times \Delta H_{SO_2} + n_{Fe_2O_3} \times \Delta H_{Fe_2O_3} - n_{FeS} \times \Delta H_{FeS})$$

= -[109x(-70940)+54,5x(-191600)–109x(-23050)]
= 15662210 kcal

- 10% de FeS c'est-à-dire 1200 kg de FeS se transforment en $FeSO_4$ selon la réaction : $FeS + 2O_2 \rightarrow FeSO_4$.

n(FeS) = 1200/88 = 13,636 kmoles = n(FeSO₄)
n(O₂) = 2 n(FeS) = 27,27 kmoles

$$r_{p,T} = -(n_{FeSO_4} \times \Delta H_{FeSO_4} - n_{FeS} \times \Delta H_{FeS})$$

= -[13,636x(-217200 +23050)] = 2647429,40 kcal

2° Comportement de PbS

- 40% de PbS c'est-à-dire 14400 kg de Pb se transforment en PbO selon la réaction : $PbS + 3/2 O_2 \rightarrow PbO + SO_2$

n(PbS) = 14000/239 = 60,25 kmoles = n(PbSO₄)
n(O₂) = 3/2 n(PbS) = 90,37 kmoles

$$r_{p,T} = -(n_{SO_2} \times \Delta H_{SO_2} + n_{PbO_2} \times \Delta H_{PbO_2} - n_{PbS} \times \Delta H_{PbS})$$

= -[45,18x(-214200+22200)] = 8674560 kcal

3° Comportement de ZnS

- 90% de ZnS c'est-à-dire 2700 kg de ZnS se transforment en ZnO selon la réaction : $ZnS + 3/2 O_2 \rightarrow ZnO_2 + SO_2$
  $n(ZnS) = 2700/97 = 27,83$ kmoles $= n(SO_2) = n(ZnO)$
  $n(O_2) = 3/2 ZnS = 41,75$ Kmoles
  $r_{p,T} = -[27,83 \times (-70940 - 83260 + 43000)] = 3094696$ Kcal
- 10% de ZnS c'est-à-dire 300 kg de ZnS se transforment en $ZnSO_4$ selon la réaction : $ZnS + 2O_2 \rightarrow ZnSO_4$
  $n(ZnS) = 300/97 = 3,09$ kmoles $= n(ZnSO_4)$
  $n(O_2) = 2n(ZnS) = 6,18$ kmoles
  $r_{p,T} = -[3,09 \times (-229500 + 43000)] = 576285$ kcal

a) La chaleur totale émise est la somme de toutes les chaleurs émises par chacune des réactions.
   $r_{(p,T)} = 36754890,4$ kcal

b) Le nombre total des moles d'O_2 nécessaires au grillage de ce concentré est la somme des moles d'O_2 dans chacune des réactions :
   $n(O_2)_t = 446,69$ kmoles
   $V(O_2) = 446,69 \times 22,4 = 10005,856$ m^3
   $V_{air} = 47646.9$ m^3

c) Les gaz émis seront composés de SO_2, de N_2 et de l'air en excès
   $n(SO_2)_t = 197,08$ kmoles
   $V(SO_2) = 4414,592$ m^3

   N_2 qui accompagnait l'O_2 qui a réagi : $V(N_2) = (47646,9 \times 79)/100 = 37641,051$ m3

   Air en excès : $V_{air} = 47646,9$ m^3

   V gaz dans les conditions standards = 89702,543 m^3

   A 250 °C et 760 torrs nous aurons :
   $$V_{air} = \frac{P_1 \times V_1 \times T_2}{T_1 \times P_2} = \frac{89702,543 \times 523}{273} = 171847,6 \; m^3$$

3.14 Chaleur de combustion

Pourquoi 26 g de C_2H_2 produit plus de chaleur quand il brûle que 24 g de C + 2g de H_2 ?

<u>Solution</u>

a) $C_2H_2 + 5/2 O_2 \rightarrow 2CO_2 + H_2O$ (1)
   $n(C_2H_2) = 26/26 = 1$ mole $= n(H_2O)$
   $n(CO_2) = 2n(C_2H_2) = 2$ moles
   $-r_{(p,T)1} = -(n_{H_2O} \times \Delta H_{H_2O} + n_{CO_2} \times \Delta H_{CO_2} - n_{C_2H_2} \times \Delta H_{C_2H_2})$
   $= -(-57840 - 2 \times 97200 - 54340) = 306580$ cal

b) $C + O_2 \rightarrow CO_2$ (2)

$n(C) = 24/12 = 2$ moles $= n(CO_2)$

$$r_{p,T} = (n_{CO_2} \times \Delta H_{CO_2}) = 2 \times (-97200) = 194400 \, cal$$

$H_2 + \frac{1}{2} O_2 \rightarrow H_2O$ (3)

$n(H_2) = 2/2 = 1$ mole $= n(H_2O)$

$$r_{p,T} = \Delta H_{H_2O} = 57840 \, cal$$

(2) + (3) $\Rightarrow$ C + H$_2$ + 3/2O$_2$ $\rightarrow$ CO$_2$ + H$_2$O (4)

$r_{(p,T)4} = 252240 \, cal$

La chaleur $-r_{(p,T)4} < -r_{(p,T)1}$. C$_2H_2$ produit plus de la chaleur parce que nous partons avec un corps composé contrairement au C et H$_2$ qui sont des corps simples dont la différence d'enthalpie est prise égale à zéro.

Donc $-r_{(p,T)4} = -r_{(p,T)1}$ + la chaleur de la décomposition de C$_2$H$_2$ en C et H$_2$

3.15 Calculs de combustion

Soit un charbon de composition suivante :

C : 64,0%   *H : 5,0%*
O : 10,9%   *Cendres : 11,8%*
H$_2$O : 8,3%

Il est brûlé complètement et les produits de la combustion contiennent 4% d'oxygène. Quel est le % d'excès d'air utilisé ?

<u>Solution</u>

Prenons comme base de calcul 100 kg de charbon.

Ces 100 kg de charbon contiennent 64 kg de C ; 10,9 kg de O ; 8,3 kg de H$_2$O ; 5 kg de H et 11,8 kg de cendres.

- C + O$_2$ $\rightarrow$ CO$_2$
  $n(C) = n(CO_2) = 64/12 = 5,3$ kmoles
  $V(CO_2) = 119,47 \, m^3$
  $n(O_2) = n(C) = 5,3$ kmoles

- H$_2$ + ½O$_2$ $\rightarrow$ H$_2$O
  $n(H_2) = n(H_2O) = 5/2 = 2,5$ kmoles
  $n(O_2) = ½ \, n(H_2) = 1,25$ kmoles
  Pour H$_2$O du charbon : $n(H_2O) = 8,3/18 = 0,46$ kmoles
  N(H$_2$O) total $= 2,5 + 0,46 = 2,96$ kmoles
  $V(H_2O) = 2,96 \times 22,4 = 66,328 \, m^3$
  $V(CO_2)$ et $V(H_2O)$ représentent 96% des produits de la combustion
  $V(CO_2) + V(H_2O) = 185,79 \, m^3$
  $V(O_2)$ en excès $= (185,79 \times 4)/96 = 7,74 \, m^3$

V air en excès = 173,376 m³
N(O₂) utilisé = 5,3 + 1,25 = 6,55 kmoles
V(O₂) utilisé = 6,55 x 22,4 = 146,72 m³
V air utilisé = 698,667 m³
% air en excès = (173,376/698,667)x100 = 24,81%

3.16 Calcul du Pouvoir calorifique

Calculer le pouvoir calorifique minimal du charbon de l'exercice précèdent par la formule de Dulong : PCM = 8100C+34200(H-O/8)+2200S–586(9H +W). W : fraction d'eau dans le charbon.

Solution

Compte tenu de la composition du charbon, nous avons : C : 0,64 ; H : 0,05 ; O : 0,109 ; S : 0 ; W : 0,083

$$PCM = 8100 \times 0,64 + 34200 \times \left(0,05 - \frac{0,109}{8}\right) + 2200 \times 0 - 586 \times (9 \times 0,05 + 0,083)$$
$$= 6115,683 \text{ cal/g}$$

3.17 Calcul de l'enthalpie normale de formation

Calculer l'enthalpie normale de formation de PbO₂ solide à partir de plomb solide et d'oxygène gazeux sous une pression de 1 atmosphère, les données suivantes étant valables à 298 K.

Réactions	Enthalpie
$Pb_{(s)} + \frac{1}{2} O_{2(g)} = PbO_{(s)}$	- 52,4 kcal (a)
$3PbO_{(s)} + \frac{1}{2} O_{2(g)} = Pb_3O_{4(s)}$	- 18,4 kcal (b)
$Pb_3O_{4(s)} + O_{2(g)} = 3PbO_{2(s)}$	- 22,7 kcal (c)

Solution

La réaction de formation est $Pb_{(s)} + O_{2(g)} = PbO_{2(s)}$ (d)

La réaction (d) est équivalente à la somme des équations (a), un tiers de (b) et de (c). Suivant la loi de Hess, les enthalpies de réaction sont additives :

$$\Delta H^0_{(d)} = \Delta H^0_{(a)} + 1/3 \Delta H^0_{(b)} + \Delta H^0_{(c)}$$
$$= - 52,4 - 6,1 - 7,6 = - 66,1 \text{ kcal.}$$

On a observé que les réactions de formation sont toujours exothermiques ; la chaleur produite est comptée comme une quantité négative. Ainsi, l'enthalpie de la réaction de formation du dioxyde de plomb à partir de ses constituants à 298 °K, est -66,1 kcal.

3.18 Calculs thermodynamiques

Déterminer :
  a) l'enthalpie de formation de Cr_2O_3 à 1900°C.
  b) la quantité de chaleur nécessaire pour élever la température de 1 mole Cr_2O_3 de 10°C à 1900°C.

  On connaît les données thermodynamiques suivantes :

  $\Delta H°_{298} = -270000$ cal mole^{-1}

  $C_{p(Cr_2O_3)} = 28{,}53 + 2{,}20.10^{-3}.T - 3{,}74.10^{-5}.T^{-2}$ cal. deg^{-1}. mole^{-1}

Solution

a) L'enthalpie de formation peut être déterminée en résolvant l'équation suivante :

$$H_{(T_1 \to T_2)} = \int_{T_1}^{T_2} C_p dT$$

1) Méthode 1 : On peut résoudre l'équation sous forme d'intégrale générale, on obtient l'expression de l'enthalpie de formation en fonction de la température, on détermine les valeurs des constantes d'intégration en substituant dans cette relation l'enthalpie normale de formation et la température de 298 °K :

$$\Delta H_T^o = \int \Delta C_p dT$$

$$= \int (28{,}53 + 2{,}20 x 10^{-3}.T - 3{,}74 x 10 5.T^{-2}) dT$$

$= \Delta H^0 + 28{,}53.T + 1{,}10 \times 10^{-3}.T^2 + 3{,}74 \times 10^5.T^{-1}$ cal mole-1

Où ΔH^0 est une constante d'intégration, déterminée en substituant :

ΔH_{200}^o pour $Cr_2O_3 = -270000$ cal mole^{-1}

Il vient : $\Delta H^0 = -270000 - (28{,}53 \times 298) - 1{,}10 \times (298)^2 \times 10^{-3} - 3{,}74 \times 298 \times 10^5$
  $= -279900$

Par suite :

  $\Delta H_T^o = -279900 + 28{,}53.T + 1{,}10 \times 10^{-3}.T^2 + 3{,}74 \times 10^5.T^{-1}$ cal mole^{-1}

  Cette équation peut être résolue pour n'importe quelle valeur de T.
  A T = 1900°C (2173 K), $\Delta H_{2173}^o = -212500$ cal mole^{-1}

2) Méthode 2: On peut résoudre l'équation sous forme d'intégrale définie entre les limites T = 298 et 2173.

On obtient :

$$\Delta H^0_{2173} - \Delta H^0_{298} = \int_{298}^{2173} C_P dT$$

$$= \int_{298}^{2173}(28{,}53 + 2{,}20.\,10^{-3}.T - 3{,}74.\,10^5.T^{-2})dT$$

$$= [28{,}53T + 1{,}10 \times 10^{-3}T^2 + 3{,}74 \times 10^5.T^{-1}]_{298}^{2173}$$

La valeur de ΔH^o_{298} est connue, elle est égale à - 270000 cal mole^{-1}

ΔH^o_{2173} = - 270000 + 28,53 x (2173 - 298) + 1,10 x 10^{-3} x (2173^2 – 298^2) + 3,74 x 10^5 x (2173^{-1} - 298^{-1})

= - 270000 + 53500 + 5100 - 1100 = - 212500 cal mole^{-1}

Les deux méthodes sont, naturellement, équivalentes et nécessitent le même nombre d'informations pour les résoudre. La première méthode est préférable lorsqu'on désire connaître la valeur de l'enthalpie à plus d'une température.

b) Le calcul de la variation d'enthalpie quand on élève la température d'une substance, ne nécessite pas la connaissance de l'enthalpie normale de formation. La quantité de chaleur nécessaire pour élever la température de 1 mole de Cr_2O_3 de 10°C à 1900°C est :

$$\Delta H^0 = \Delta H^0_{2173} - \Delta H^0_{298} = \int_{298}^{2173} C\, pdT$$

$$= \int_{298}^{2173} [28{,}53 + 2{,}20x10^{-3}.T - 3{,}74x10^5.T^{-2}]dT$$

= 28,53.(2173 - 283) + 1,10.10^{-3}.(2173^2 - 283^2) + 3,74 x 10^5.(2173^{-1} - 283^{-1})

= 53900 + 5100 – 1200

= 57800 cal mole $^{-1}$

3.19 Calculs thermodynamiques

A quelle condition peut-on obtenir le métal M par réduction du sulfate MSO_4 par le sulfure MS sous la pression atmosphérique normale ?

Données : Enthalpies libres de formation de référence : A pour MS, B pour SO_2 et C pour MSO_4 (à partir de MS)

<u>Solution</u>

La réaction de réduction est : MSO_4 + MS → 2M + 2SO_2

On peut obtenir le métal M si la réaction de réduction est possible dans le sens direct c'est-à-dire si $(\Delta G)_T < 0$

Or $(\Delta G)_T = 2\Delta G^0_{(SO_2)} - \Delta G^0_{(MSO_4)} - \Delta G^0_{(MS)}$

= 2B - A - C

Donc, la condition est : 2B - A - C < 0

3.20 Calculs thermodynamiques - Plomb

A quelle condition de température peut-on obtenir le Plomb par action de PbS sur PbO, p(SO₂) étant maintenue égale à 1 atm.

$SO_2 : \Delta G^0 = -86220 + 17{,}31.T$
$PbO : \Delta G^0 = -53750 + 26{,}3.T$
$PbS : \Delta G^0 = -37580 + 19{,}12.T$

Solution

La réaction de réduction est :
PbS + 2PbO → 3Pb + SO₂

Cette réaction est possible si $(\Delta G)_T < 0$

Or $(\Delta G)_T = 2\Delta G^0_{(SO_2)} - \Delta G^0_{(PbS)} - 2\Delta G^0_{(PbO)}$

= (- 86220 + 17,31.T) - (- 37580 + 19,12.T) - 2(53750 – 26,3.T)

= 58860 - 54,41.T

Donc, 58 860 - 54,41.T < 0

⇒ T > 58860/54,41

T > 1082 K

3.21 Calculs thermodynamiques sur la dissociation du carbonate ferreux

La pression de dissociation du carbonate ferreux est égale à 10^{-1} atm à 451 °K et 10 atm à 515 °K. En déduire l'expression $\Delta G^0 = f(T)$ pour la dissociation du carbonate ferreux.

Solution

La réaction de dissociation est :

$FeCO_3 \xrightarrow{\Delta} FeO + CO_2$

$\Delta G^0_T = -RT \ln k_p = -4{,}575.T.\log K_p$

Or $K_p = p(CO_2)$

pour T = 415 K et p(CO₂) = 10^{-1} atm ⇒ $\Delta G^0_T = 1898{,}625\ kcal$

pour T = 515 K et p(CO$_2$) = 10 atm $\Rightarrow \Delta G_T^0$ = 2356,125 *kcal*

Considérons l'expression ΔG^0 = f(T) = a + b.T

Remplaçons dans cette expression les valeurs de ΔG^0 et de T correspondant pour déterminer les constantes a et b.

1898,625 = a + 415.b (1)

-2356,125 = a + 515.b (2)

En résolvant ce système d'équation, nous trouvons :

a = 19552

b = -42,54

ΔG^0 = 19552 - 42,54.T

3.22 Calculs thermodynamiques

Calculer $\Delta G^0 = f(T)$ pour la réaction : $2\ FeCO_3 + \frac{1}{2}\ O_2 \to Fe_2O_3 + 2\ CO_2$ (0) à partir des données suivantes :

$1/3 Fe_3O_4 + 2/3 CO_2 + 1/3 CO \to FeCO_3$ (1) $\Delta G = -12200 + 41,0.T$

$4\ Fe_3O_4 + O_2 \to 6\ Fe_2O_3$ (2) $\Delta G = -119250 + 67,25.T$

$2\ CO + O_2 \to 2\ CO_2$ (3) $\Delta G = -135100 + 41,5\ T$

Solution

On nous donne la réaction (0) et les réactions (1), (2) et (3).

Pour trouver ΔG^0 = f(T), on peut appliquer la loi de Hess qui dit que l'enthalpie libre d'une réaction qui est la somme algébrique d'une ou de plusieurs autres réactions est la somme algébrique des Enthalpies libres des réactions partielles.

En observant bien ces réactions, nous trouvons que :

(0) = -2 (1) + 1/6 (2) + 1/3 (3)

$2\ FeCO_3 \to 2/3\ Fe_3O_4 + 4/3\ CO_2 + 2/3\ CO$

$2/3\ Fe_3O_4 + 1/6\ O_2 \to Fe_2O_3$

$2/3\ CO + 1/3\ O_2 \to 2/3\ CO_2$

$2\ FeCO_3 + \frac{1}{2}\ O_2 \to Fe_2O_3 + 2CO_2 \equiv$ (0)

D'où : ΔG^0 = -2 ΔG_1 + 1/6 ΔG_2 + 1/3 ΔG_3

= -2 (-12200 + 41.T) + 1/6 (-119250 + 67,25.T) + 1/3 (-135100 + 41,5.T)

ΔG^0 = - 40508,33 - 56,97.T

3.23 Calculs thermodynamiques

On chauffe à 500°C et 1 atmosphère un mélange 3 FeO + ½ O$_2$.
1) Ecrire les deux équations chimiques possibles (formation de Fe$_2$O$_3$ ou Fe$_3$O$_4$)
2) Quel est l'oxyde qui se forme ?
3) La réponse est-elle fonction de la température ?

$$4\ Fe_3O_4 + O_2 \rightarrow 6\ Fe_2O_3 \quad \Delta G = -119250 + 67,25.T$$
$$6\ FeO + O_2 \rightarrow 2\ Fe_3O_4 \quad \Delta G = -149250 + 59,8.T$$

Solution

T = 500 + 273 = 773 K
p = 1 atm

1) Les deux équations chimiques possibles sont :
   $2\ FeO + ½\ O_2 \rightarrow Fe_2O_3$ (1) ΔG_1
   $3\ FeO + ½\ O_2 \rightarrow Fe_3O_4$ (2) ΔG_2

2) Nous allons trouver les enthalpies libres de (1) et (2) à partir des réactions données :
   $4\ Fe_3O_4 + O_2 \rightarrow 6\ Fe_2O_3$ (a) $\Delta G = -119\ 250 + 67,25.T$
   $6\ FeO + O_2 \rightarrow 2\ Fe_3O_4$ (b) $\Delta G = -149\ 250 + 59,8.T$

   En observant les réactions, nous remarquons que :

   $1/6$ (a) + $1/3$ (b) ≡ (1)

   $2/3\ Fe_3O_4 + 1/6\ O_2 \rightarrow Fe_2O_3$
   $2\ FeO + 1/3\ O_2 \rightarrow 2\ Fe_3O_4$

   $2\ FeO + ½\ O_2 \rightarrow Fe_2O_3$

   $\Delta G_1 = 1/6\ (-119250 + 67,25.T) + 1/3(-149250 + 59,8.T)$
   $= -69625 + 31,13.T$

   ½ (b) ≡ (2)

   $\Delta G_2 = ½\ (-149250 + 59,8.T) = -74625 + 29,9.T$

   $(\Delta G_1)_{773} = -69625 + 31,13 \times 773 = -45561,51$ kcal
   $(\Delta G_2)_{773} = -74625 + 29,9 \times 773 = -51512,3$ kcal

   Comme $(\Delta G_2)_{773} < (\Delta G_1)_{773}$, donc c'est Fe$_2O_3$ qui se forme à 773 K.

3) Fe$_3$O4 se forme tant que $\Delta G_2 < 0$

$\Rightarrow$ -74625 + 29,9 T < 0 $\Rightarrow$ T < 74625/29,9 = 2496 K

3.24 Calculs thermodynamiques

On donne les $(\Delta G^0)_T$ de formation des oxydes de fer pour une mole de fer en calories.

FeO : -62050 + 14,95.T

Fe_3O_4 : -260775 + 74,75.T

Fe_2O_3 : -193725 + 61,94.T

1) *Le fer est admis à l'action de l'oxygène à 27°C sous une pression de 1 atm. Quel est l'oxyde qui se formera quand la réaction est achevée.*
2) *Fe_2O_3 est réduit par le fer à 27°C. Peut-on obtenir Fe_3O_4 ou FeO ?*
3) *De ce qui précède, déduire la composition du revêtement du fer lorsqu'il est soumis à l'action de l'air sec aux températures et pressions ordinaires.*
4) *Reprendre la question 2) si l'on opère à 727°C. Quel oxyde obtient-on si la réaction est suffisamment prolongée ?*

<u>Solution</u>

1) Les réactions envisageables sont :

   Fe + ½ O_2 $\rightarrow$ FeO   (1) ΔG_1

   2Fe + 3/2 O_2 $\rightarrow$ Fe_2O_3 (2) ΔG_2

   3Fe + 2 O_2 $\rightarrow$ Fe_3O_4 (3) ΔG_3

   $\Delta G_1 = [\Delta G^0(FeO)]_T = -62050 + 14,95.T$

   $(\Delta G_1)_{300} = -57,565$ cal

   $\Delta G_2 = [\Delta G^0(Fe_2O_3)]_T = -193725 + 61,94.T$

   $(\Delta G_2)_{300} = -175143$ cal

   $\Delta G_3 = [\Delta G^0(Fe_3O_4)]_T = -260775 + 74,75.T$

   $(\Delta G_3)_{300} = -238350$ cal

   A 300 K, c'est la réaction (2) qui présente une enthalpie libre faible c'est-à-dire $\Delta G_2 < \Delta G_1$ et ΔG_3. Donc, logiquement, c'est le Fe_2O_3 qui se forme.

2) Fe_2O_3 + Fe $\rightarrow$ 3 FeO   (4)

   $\Delta G_4 = 3[\Delta G^0(FeO)]_T - [\Delta G^0(Fe_2O_3)]_T = 7575 - 16,19.T$

   $(\Delta G_4)_{300} = 2718$ cal

$$4Fe_2O_3 + Fe \rightarrow 3Fe_3O_4 \qquad (5)$$
$$\Delta G_5 = 3[\Delta G^0(Fe_3O_4)]_T - 4[\Delta G^0(Fe_2O_3)]_T = -23,51T$$
$$(\Delta G_5)_{300} = -14478 \text{ cal}$$

Donc, on ne peut obtenir que Fe_3O_4 car la réaction donnant FeO présente une enthalpie libre positive.

3) Lorsque le fer est soumis à l'action de l'air (O_2), il se forme une couche de Fe_2O_3. Alors à l'interface Fe_2O_3 et Fe, il se forme Fe_3O_4. Donc, le revêtement est $Fe_2O_3/Fe_3O_4/Fe$
4) $(\Delta G_4)_{1000} = -8615$ cal
   $(\Delta G_5)_{1000} = -6240$ cal

Lorsqu'on opère à 727°C, d'abord c'est FeO qui se forme et lorsqu'on prolonge la réaction Fe_3O_4 se forme aussi.

Partie II : PYROMÉTALLURGIE

1. <u>Introduction</u>

D'une manière générale, le traitement des oxydes est l'opération fondamentale de la pyrométallurgie. C'est ainsi qu'on prépare les métaux en effectuant une fusion réductrice des minerais (concentrés) oxydés ou des minerais d'autres formes (sulfures, carbonates, silicates, etc.) amenés sous formes d'oxydes par calcination ou grillage, le réducteur s'empare de l'oxygène du composé métallique et l'on obtient deux produits distincts :

- une scorie contenant les éléments de la gangue qui n'ont pas été réduits ;
- une phase métallique (métal ou alliage) qui contient les éléments réduits et que l'on soumet à l'affinage pour éliminer les impuretés.

Néanmoins, l'exception est faite sur les minerais sulfurés de cuivre, de nickel ou même de plomb cuivreux. Théoriquement, il pourrait sembler aussi que le moyen le plus simple de retirer le cuivre des minerais sulfurés doit être de les griller à fond de manière à transformer les sulfures en oxydes et de réduire ensuite le minerai grillé en présence des fondants nécessaires pour scorifier la gangue et, spécialement, le fer, généralement très abondant dans les minerais sulfurés.

En fait, les choses sont plus compliquées. Le cuivre est, en effet, accompagné dans ses minerais dans lesquels il ne représente que quelques pour cent, de nombreux autres métaux tels que l'arsenic, l'antimoine, le plomb, le zinc, le cobalt et bien d'autres. Les oxydes de ces métaux participeraient évidemment à la réduction et les métaux mis en liberté se dissoudrait dans le cuivre ; vu la proportion relativement faible de ce dernier dans la plus part des cas, on obtiendrait finalement un métal tellement impur qu'il mériterait plutôt le nom d'alliage, et dont il serait très difficile et très coûteux de séparer le cuivre.

En pratique, on peut contourner les difficultés qui s'opposent à la réduction directe des minerais grillés en se basant sur les deux faits suivants. Le premier, qui repose sur la grande affinité du cuivre pour le soufre, consiste en ce que, si l'on fond des mélanges d'oxydes et des sulfures des différents métaux qui se rencontrent dans les minerais de cuivre, le cuivre se combine au soufre et passe à l'état de sulfure cuivreux. Le second fait consiste en ce que le fer est plus oxydable que le cuivre.

Alors, il résulte que la meilleure façon de récupérer le cuivre plus ou moins purs de ses minerais sulfurés est de procéder comme suit : grillage – fusion pour matte – convertissage.

1.1 La calcination

Quand on chauffe un composé métallique à anion volatil, ses composés sont dissociés en un solide et un gaz. Les dissociations sont des réactions endothermiques.

1.1.1 Cas des carbonates

$$MeCO_3 \xrightarrow{\Delta} MeO + CO_2$$
$$K_T = P_{CO_2}$$

La température à laquelle la pression de gaz atteint une atmosphère a été appelée par LECHATELIER, la température d'inversion de la réaction. Cette température indique en fait au-dessus de quelle température la dissociation peut avoir lieu en milieu confiné.

1.1.2 Cas des sulfates

Les sulfates sont beaucoup plus stables que les carbonates et leurs dissociations thermiques ne seraient que rarement envisagées.

Réaction principale : $MeSO_4 \xrightarrow{\Delta} MeO + SO_3$

Réaction secondaire : $SO_3 \Leftrightarrow SO_2 + \frac{1}{2}O_2$

La pression totale : $P = P_{SO_3} + P_{SO_2} + P_{O_2}$

1.1.3 Cas des arséniates et arsénites

As_2O_3 étant volatil les arsénites sont dissociables par contre les arséniates ne les sont difficilement qu'en milieu réducteur pour donner les arsénites.

1.1.4 Cas des phosphates

Bien que P_2O_5 soit volatil (ébullition à 591°C) les phosphates ne se dissocient pas car leur affinité de formation est très élevée.

1.2 Le grillage
1.2.1 Définition

On appelle grillage, une opération dans laquelle un sulfure est oxydé par l'oxygène de l'air et transformé en oxyde, en sulfate ou en un mélange de deux. C'est généralement une réaction du type :

$$S_1 + G_2 \rightarrow S_2 + G_2$$

1.2.2 Considération chimique et thermique
1.2.2.1 Du point de vue chimique

Le grillage des sulfures commence à des températures variables. Certains sulfures perdent du soufre à haute température et deviennent poreux en sorte que le grillage s'amorce aisément et progresse rapidement. La température à laquelle commence la réaction de grillage est appelée température d'amorçage de la réaction.

Le grillage des sulfures peut conduire à un oxyde suivant la réaction de principe ci-après :

$$MeS + \tfrac{3}{2}O_2 \rightarrow MeO + SO_2$$

Ou en un sulfate suivant la réaction ci-après :

$$MeS + \tfrac{3}{2}O_2 \rightarrow MeO + SO_2$$
$$SO_2 + \tfrac{1}{2}O_2 \Leftrightarrow SO_3$$
$$MeO + SO_3 \rightarrow MeSO_4$$

1.2.2.2 Du point de vue thermique

Toutes les réactions de grillage sont exothermiques en sorte que les sulfures sont des véritables combustibles. Cependant, les sulfures s'entourent d'une croûte d'oxyde qui ralenti les réactions.

1.2.2.3 Type de grillage

- Grillage oxydant ou à mort : On fait ce grillage lorsqu'on veut obtenir un oxyde qui est facilement réductible ou qui peut entrer facilement en solution.
  Exemple : $ZnS + \frac{3}{2}O_2 \rightarrow ZnO + SO_2$
- Grillage sulfatant : C'est un grillage à basse température en utilisant le moins d'air possible afin qu'une concentration élevée en SO$_2$ ou SO$_3$ soit atteinte pour faciliter la sulfatation.
  Exemple : $CuFeS_2 + 4O_2 \rightarrow CuSO_4 + FeSO_4$
- Grillage chlorurant : Ce grillage est réalisé avec Cl$_2$ ou NaCl 5 à 10% en poids sur des cendres de pyrite enfin de récupérer les métaux sous forme de chlorure facilement extractibles dans l'eau.
- Grillage magnétisant : essentiellement appliqué dans la métallurgie du fer, il a pour but d'obtenir des minerais plus magnétiques.

1.2.2.4 Buts du grillage

1.2.2.4.1. En pyrométallurgie

- 1.° Le grillage effectué avant la fusion pour matte a pour but d'augmenter la concentration du Cu dans la matte en éliminant le fer sous forme de FeO et le soufre sous forme de SO$_2$.
- 2.° Le grillage effectué avant la fusion réductrice a pour but de transformer les sulfures en oxydes facilement réductibles.

1.2.2.4.2 En hydrométallurgie

Le grillage effectué avant la lixiviation a lieu parce que les sulfures sont généralement difficilement lixiviables dans les conditions ordinaires et on préfère ainsi passer aux sulfates et oxydes plus faciles à mettre en solution.

1.3 La fusion pour matte
1.3.2 Généralités

La fusion pour matte est l'opération fondamentale de la pyrométallurgie des minerais et concentrés sulfurés de cuivre. Elle permet de séparer par fusion et décantation la gangue sous forme d'une scorie stérile, qui constitue un rejet, et le cuivre ainsi que ses accompagnateurs économiquement intéressant tels que les matières précieuses et le nickel, sous forme de matte.

La matte doit être plus dense que la scorie. Elle forme ainsi une phase séparée recueillie dans la partie basse du creuset. Les éléments de gangue stériles qui forment la scorie sont principalement les oxydes stables : silice, chaux, magnésie et alumine.

Le fer sous forme d'oxyde dans la gangue et celui provenant de l'oxydation des sulfures passe également dans la scorie. Cette dernière est ainsi le plus généralement constituée d'un silicate ferroso-calcique. Le partage du fer entre la scorie et la matte dépend principalement de sa concentration sous forme de sulfure dans le concentré de départ et du taux d'oxydation régnant dans le four de fusion.

Les mattes de cuivre étant bien fusibles et fluides à partir de températures de 1000 à 1100°C, c'est l'obtention d'une scorie convenable qui constitue le premier problème de la fusion des concentrés. Le résultat dépend à son tour de la composition des éléments de gangue de ces derniers, et tout d'abord des trois oxydes fondamentaux, silice, chaux et oxyde de fer : on se rapportera donc au diagramme ternaire des scories ferroso-silico-calcique. On ajoutera à la charge de concentré les quantités de fondant siliceux, de chaux ou de calcaire ou encore, plus rarement, de minerai de fer utilisé comme fondant pour obtenir une scorie à bas point de fusion. Cette scorie sera entièrement fondu à 1200°C, bien fluide et de densité suffisamment faible pour assurer une bonne séparation par gravité avec la matte.

1.3.3 Aspect physico-chimique de la fusion pour matte

L'étude des affinités standard de formation des diverses sulfures montrent que :
- au-dessus de 800°C le cuivre a plus d'affinité pour le soufre que pour l'oxygène ;
- au-dessus de 1100°C l'affinité de la réaction

$$2Fe + S_2 \rightarrow 2FeS \quad (1)$$

est plus élevée que celle de la réaction

$$4Cu + O_2 \rightarrow 2Cu_2O \quad (2)$$

Mais, cependant, l'affinité des réactions

$$2Fe + O_2 \rightarrow 2FeO \quad (3)$$

$$\tfrac{3}{2}Fe + O_2 \rightarrow \tfrac{1}{2}Fe_3O_4 \quad (4)$$

$$6FeO + O_2 \rightarrow 2Fe_3O_4 \quad (5)$$

est toujours supérieure à celle de la réaction (1). Il en résulte, donc, qu'au cours d'une opération de grillage à température suffisamment élevée, puis au cours d'une opération de fusion en atmosphère neutre ou légèrement oxydante, c'est d'abord le sulfure de fer qui sera grillé en oxyde et que le soufre résiduel se fixera d'abord préférentiellement sur le cuivre puis sur le fer.

Notons aussi que l'affinité des réactions de grillage

$$2FeS + 3O_2 \rightarrow 2FeO + 2SO_2 \quad (6)$$

$$\tfrac{3}{2}FeS + \tfrac{5}{2}O_2 \rightarrow \tfrac{1}{2}Fe_3O_4 + \tfrac{3}{2}SO_2 \quad (7)$$

est plus élevée que celle de la réaction

$$2Cu_2S + \tfrac{3}{2}O_2 \rightarrow 2Cu_2O + 2SO_2 \quad (8)$$

Ce qui confirme encore ce que nous avons écrit précédemment.

1.4 Le convertissage

L'objectif du convertissage est d'éliminer le fer, le soufre ainsi que les autres impuretés de la matte pour produire le cuivre métallique titrant 98 à 99% Cu et qui contient des métaux précieux de la matte.

En observant le diagramme ternaire Fe-Cu-S, on remarque qu'une diminution de la teneur en soufre de la matte industrielle conduit à décanter une phase métallique. Etant donné que le soufre est avide d'oxygène, la conversion de la matte s'effectue par soufflage de l'air dans la matte pour oxyder le soufre et, en même temps, le fer. La conversion s'effectue en deux étapes :

- Première étape : On appelle cette étape soufflage pour matte blanche ou scorification du fer. On parle de soufflage pour matte blanche car, enfin d'opération, on obtient une matte essentiellement constituée de Cu_2S et qui porte le nom de matte blanche. On parle de scorification du fer parce que le fer qui s'oxyde passe dans la scorie en se combinant avec la silice selon la réaction :

$2FeS + 3O_2 + SiO_2 \rightarrow Fe_2SiO_4 + 2SO_2$

Le cuivre qui s'oxyde pendant cette étape est sulfuré par le FeS présent.

$Cu_2O + FeS \rightarrow Cu_2S + FeO$

- Deuxième étape : On l'appelle soufflage pour cuivre blister. A partir de la matte déférée qui titre environ 70 à 78% Cu, on oxyde le soufre jusqu'à former le cuivre blister qui titre 98 à 99% Cu. Les réactions sont les suivantes :

$Cu_2S + O_2 \rightarrow 2Cu + SO_2$

$Cu_2S + \frac{3}{2}O_2 \rightarrow Cu_2O + SO_2$

$Cu_2S + 2Cu_2O \rightarrow 6Cu + SO_2$

1.5 La fusion réductrice
1.5.2 Généralités

La tâche essentielle du traitement carbothermique d'un minerai oxydé est de libérer sous forme de métal ou d'alliage métallique les éléments valorisables.

A cet effet, on n'emploie actuellement presque exclusivement que le carbone et son monoxyde. Le carbone est la plus part du temps fourni par le coke, plus rarement par l'anthracite, le charbon de bois ou la houille.

En dehors du minerai et du carbone indispensable à la réduction, la fusion réductrice des minerais exige de la chaleur fournie par la combustion du carbone supplémentaire ou par l'énergie électrique.

La fusion réductrice n'étant qu'une étape de concentration dans le processus de traitement métallurgique d'extraction des métaux d'un minerai, le métal ou l'alliage obtenu en fin de cette opération est soumis à une opération de raffinage à l'issue de laquelle on obtient un produit pur ayant une valeur ajoutée marchande appréciable.

Il faut remarquer que la séparation entre la phase métallique et la scorie se réalise par phénomène de décantation, la scorie étant plus légère que la phase métallique, se retrouve au-dessus de cette dernière.

Pour un meilleur déroulement de la fusion réductrice, la charge doit être constituée principalement du minerai et du coke réducteur avec ajout éventuel de fondant qui peut être de la silice si le minerai est calcareux ou de la chaux si le minerai est siliceux.

1.5.3 Fondements métallurgiques de la réduction

Le traitement carbothermique d'un minerai consiste à porter à la température convenable le mélange de minerai de réducteur et de fondant si nécessaire. Le carbone se combine à l'oxygène du minerai qui le réduit en s'oxydant lui-même en oxyde de carbone (CO). Ce dernier exerce à son tour une action réductrice et brûle pour donner du gaz carbonique (CO_2). En effet, le carbone réagit avec l'oxygène pour donner un mélange de CO et de CO_2 dont la composition dépend des conditions opératoires. Suivant qu'il y a excès d'oxygène ou de carbone, le système tend vers l'un ou l'autre équilibre.

L'oxyde de carbone brûle presque totalement en présence d'un excès d'oxygène, jusqu'aux hautes températures.

$2CO + O \rightarrow 2CO_2$ (a)

$2CO = CO_2 + C$ (b)

Pendant l'opération de fusion réductrice du minerai, ce cas ne se présente pas, on cherche plutôt à ôter l'oxygène du minerai et ce à l'aide du carbone. L'atmosphère du four de réduction comprend essentiellement du CO face à des quantités beaucoup plus petite de CO_2 ; de ce fait, c'est l'équilibre (b) qui est valable.

1.5.4 Comportement des éléments lors de la réduction

L'affinité des éléments pour l'oxygène est une propriété fondamentale. En effet, plus un élément a une faible attraction pour l'oxygène plus il se réduit facilement. C'est ainsi que le cuivre se réduit avant le cobalt et suivi du fer. Le silicium possède une affinité notablement plus élevée pour l'oxygène et pour cette raison son oxyde, la silice, n'est que très faiblement réduite dans les conditions habituelles de travail.

Un autre caractère des éléments présents dans le minerai est leur comportement en tant qu'oxydes acides ou basiques. Sont dits acides les éléments dont l'oxyde est acide, c'est à dire que son attraction pour l'oxygène est élevée, et basiques ceux qui correspondent à un oxyde à caractère basique c'est-à-dire à faible attraction pour l'oxygène.

L'acidité ou la basicité de la scorie doit être contrôlée minutieusement car une scorie acide favorise la réduction d'un oxyde acide, c'est-à-dire le passage d'un élément acide dans la phase métal tandis que une scorie basique le rend plus difficile.

1.5.5 La scorie

Pendant l'opération de fusion réductrice, il y a formation de deux phases distinctes et immiscibles dont l'une métallique et l'autre oxydée regroupant tous les oxydes non réduits constituant les éléments de la gangue. Cette dernière phase, appelé scorie, doit répondre aux conditions suivantes pour un bon déroulement des opérations :

- Fusibilité : Elle est capitale car la température de fusion de la scorie fixe en général la température de régime du four et celle-ci influence toutes les réactions chimiques et conditionne en grande partie la consommation d'énergie. Si les réactions demandent une haute température, la charge doit donner une scorie fusible.
- Fluidité : Pour une meilleure séparation, la scorie doit être assez fluide.
- Viscosité : La scorie doit avoir une faible viscosité afin de faciliter une meilleure décantation.
- Indice d'acidité ou de basicité : C'est une propriété chimique fondamentale qui influence le comportement de la scorie vis à vis des réactions de réduction ainsi que son pouvoir dissolvant. La scorie acide retient les bases en solution et inversement.

1.5.6 Approche thermodynamique de la réduction carbothermique

En observant le diagramme d'Ellingham qui donne l'énergie libre de formation de certains oxydes en fonction de la température, nous constatons que :

- Dans les limites de températures rencontrées normalement en pratique, l'affinité du carbone pour l'oxygène avec formation de CO croit avec la température, alors que l'affinité de formation de tous les oxydes métalliques décroît quand la température augmente. Par conséquent, le carbone pourrait réduire tous les oxydes métalliques à condition que l'on porte le mélange à une température suffisante.

- Un métal peut agir comme réducteur vis à vis de l'oxyde d'un autre métal.

Du point de vue thermodynamique la réduction des oxydes dont l'énergie libre de réduction est positive est impossible et cette réduction devient possible lorsque cette énergie est négative. Enfin disons que la réduction des oxydes évolue dans l'ordre croissant des énergies libres de réduction des oxydes présents.

1.5.7 Calcul du lit de fusion

- Calculer un lit de fusion, c'est déterminer les proportions relatives de minerai, de coke (combustible et/ou réducteur) et de fondant nécessaires à la production du métal ou d'un alliage donné.
- Tous les calculs relatifs au lit de fusion sont des calculs de chimie élémentaire ; la comparaison des entrées : minerai, air, coke, fondant et des sorties : métal ou alliages, scorie, gaz doivent donner les mêmes poids pour chaque élément (bilan).
- Tous ces calculs ne sont qu'approchés et ne se font qu'au début de la mise en route d'une fabrication. Un grand nombre des facteurs ne peuvent entrer dans les calculs : conditions de soufflage, granulométrie de la charge, profil du four (forme, dimension, type) dont dépend la répartition des températures et la vitesse de chargement.
- C'est l'expérience acquise par le conducteur du four qui intervient pour régler la marche du four. Il peut agir sur la composition de la charge, sur la quantité et la température du vent, sur la température du four, …

2 Exercices
2.2 Calcul de composition

Un minerai de Cu contient 30% $CuFeS_2$, 20% FeS_2 et 50% SiO_2. Quel pourcentage de Cu, Fe et S contient-il ?

Solution

Considérons une base de calcul de 1000 Kg de minerai.

1000 Kg de minerai contient 300 Kg de $CuFeS_2$, 200 Kg de FeS_2 et 500 Kg de SiO_2.

Dans 184,00 g de $CuFeS_2$, nous trouvons 64 g de Cu ; 56 g de Fe ainsi que 64 g de S.

300 Kg de $CuFeS_2$ renferment 104,35 Kg de Cu ; 91,30 Kg de Fe et 104,35 Kg de S.

Dans 120 g de FeS_2, nous trouvons 56g de Fe et 64 g de S.

200 Kg de FeS_2 contient 93,3 Kg de Fe et 106,7 Kg de S.

Poids total du Cu dans le minerai : 104,35 Kg

Poids total du Fe dans le minerai : 184,60 Kg

Poids total du S dans le minerai : 211,05 Kg

$\%Cu = \frac{104,35}{1000} \times 100 = 10,44\%$

$\%Fe = \frac{184,60}{1000} \times 100 = 18,46\%$

$\%S = \frac{211,05}{1000} \times 100 = 21,11\%$

2.3 Calcul de la gangue

Quel serait le pourcentage des gangues dans un minerai cuprifère (Cu_2O) ayant la même teneur en cuivre qu'à l'exercice précédent.

Solution

Dans 100 Kg de ce minerai, il y a 10,44 Kg de Cu.

Or, dans 144 Kg de Cu_2O, nous trouvons 128 Kg de Cu.

Donc, 10,44 Kg de Cu forme $\frac{144 \times 10,44}{128} = 11,745\ kg$ de Cu_2O.

D'où le %gangue = 100 - 11,745 = 88,255 %

2.4 Calcul de la matte

Une matte de cuivre est donnée par la formule $XCu_2S.YFeS$ avec X et Y quelconques. Quelle serait la composition en % d'une matte contenant 38% Cu.

Solution

La base de calcul est fixée à 100 Kg matte.

Dans 100 Kg de matte, il y a 38 Kg de Cu.

Dans 160 g de Cu_2S, il y a 128 g de Cu.

$\Rightarrow$ 38 Kg de Cu est contenu dans $\frac{160}{128} \times 38 = 47,5 \, kg$ de Cu_2S.

Donc, le poids du FeS dans 100 Kg matte est 100 - 47,5 = 52,5 Kg

$\Rightarrow$ Cette matte est composée de 47,5 % de Cu_2S et 52,5 % de FeS.

2.5 Calcul de la matte

Soit un minerai de Cu contenant 30% $CuFeS_2$, 20% FeS_2 et 50% de SiO_2. Si ce minerai est fondu et que seul l'excès de soufre est éliminé, quelle serait la composition de la matte résultante ?

Solution

Pour une base de 1000 Kg de minerai, la quantité totale du S est de 211 Kg.

L'élimination du S en excès se fait par les réactions :

- 2 $CuFeS_2 \rightarrow Cu_2S.2FeS + S$

368 g de $CuFeS_2$ libèrent 32 g de S

300 Kg de $CuFeS_2$ libèrent 26,1 Kg de S

- $FeS_2 \rightarrow FeS + S$

120 g de FeS_2 libèrent 32 g de S

200 Kg de FeS_2 libèrent 53,3 Kg de S

Le S total éliminé est = 79,4 Kg

Le S qui reste dans la matte est 211,1 - 79,4 = 131,6 Kg

La quantité de S lié au Cu est $\frac{104,4 \times 32}{128} = 26,1 \, kg$ de S

La quantité de S lié au Fe = 131,6 - 26,1 = 105,5 Kg de S

Poids de Cu_2S = 104,4 + 26,1 = 130,5 Kg

Poids FeS = $\frac{88 \times 105,5}{32} = 290,13 \, kg$

Poids matte = 290,13 + 130,5 = 420,63 Kg

%Cu_2S = $\frac{130,5}{420,63} \times 100 = 31\%$

$$\%\text{FeS} = \frac{290{,}13}{420{,}63} \times 100 = 69\%$$

$$\%\text{Cu} = \frac{104{,}4}{420{,}63} \times 100 = 24{,}8\%$$

2.6 Calcul de la matte

En supposant que l'O_2 du minerai cuprifère du n° 2.2. se combine avec l'excès de soufre d'un minerai du n° 2.1. Dans quelles proportions doit-on mélanger les deux minerais de sorte à obtenir une matte sans reste ni oxydation de Fe et quelle serait la composition de la matte ?

Solution

En considérant comme base de calcul 1000 Kg du minerai 1, l'excès de S est de 79,4 kg.

La réaction de la combinaison de S et d'O_2 est :

$S + O_2 \rightarrow SO_2$

Une mole de S pour une mole de O_2

Donc 79,4 Kg d'O_2 se combinent à 79,4 Kg de S.

Dans 144 g de Cu_2O, nous trouvons 16g de O_2.

79,4 Kg d'O_2 viennent de $\frac{144}{16} \times 79{,}4 = 714{,}6\ kg$ de Cu_2O

La quantité de Cu dans Cu_2O est $\frac{128}{144} \times 714{,}6 = 635{,}2\ kg$ de Cu.

Or le minerai 2 titre 10,44 % Cu.

Donc, 635,2 Kg ne représentent que 10,44% du minerai ; d'où le poids du minerai qui contient 635,2 Kg Cu = 6084,29 Kg de minerai oxydé n° 2.

Le mélange doit être de 1000 Kg de minerai 1 et 6084,29 Kg de 2 dans la proportion de $\frac{6084{,}29}{1000} = 6{,}084$

La quantité de Cu dans la matte est 104,35 + 635,2 = 739,55 Kg.

Comme il n'y a pas d'oxydation de Fe, tout le Fe de 1 passe dans la matte et le Cu du minerai 2 se trouve dans la matte sous forme métallique.

Poids de la matte = 420,63 + 635,2 = 1055,83 Kg

%Cu matte = $\frac{739,55}{1055,83} \times 100 = 70\%$

%Cu$_2$S = 87,5%

%FeS = 12,50%

2.7 Calcul de la matte

En général, pour une matte de Cu composée essentiellement de Cu$_2$S et FeS, quelle est la relation qui lie le %Cu = z, le %Cu$_2$S = x et le %FeS = y dans la matte. Donnez une représentation graphique de cette relation.

Solution

Soit M (kg) la quantité de la matte.

Le poids du Cu dans la matte = $\frac{zM}{100}$ Kg

128 Kg de Cu produit 160 Kg de Cu$_2$S.

$\frac{zM}{100}$ Kg de Cu produit $\frac{160}{128}\frac{zM}{100}$ Kg de Cu$_2$S.

Le poids de FeS

$= M - \left(\frac{160}{128} \times \frac{zM}{100}\right) = M\left(1 - \frac{160z}{128 \times 100}\right) kg\ de\ FeS$

$x = \frac{Poids\ CuS}{Poids\ Matte} \times 100 = \frac{\frac{160}{128} \times \frac{zM}{100}}{M} \times 100 = \frac{160z}{128} = 1,25z$

$y = \frac{Poids\ FeS}{Poids\ Matte} \times 100 = M\frac{(1 - \frac{160z}{128\times 100} \times 100)}{M} = 100 - 1,25z$

$x - y = 1,25z - 100 + 1,25z = 2,5z - 100$

En définitive :

$x = 1,25z$ %Fe $= \mu = \frac{56}{88}y$

$y = 100 - 1,25z$ %S $= 100 - z - \mu$

$z = 0,4x - 0,4y + 40$

2.8 Calcul de la matte au réverbère

Les matériaux suivants (voir tableau) sont utilisables pour la fusion dans un four à réverbère. Le four utilise comme combustible 13 parts de charbon par 100 parts de la charge. Le charbon contient 15% de cendres constitués de 90% SiO_2 et 10% FeO. En admettant que la moitié des cendres passent dans le grillé et que le reste est emporté sous-forme de suspension dans les gaz. On admet aussi que 20% de soufre passe dans le gaz. On négligera aussi les pertes de poussières ainsi que les pertes de cuivre dans la scorie.

A. Minerai grillé	B. Minerai frais	Minerai de Fe	D. Castine
Cu_2S : 14%	$CuFeS_2$: 30%	Fe_2O_3 : 80%	$CaCO_3$: 80%
FeS : 10%	FeS_2 : 20%	SiO_2 : 12%	$MgCO_3$: 15%
Fe_2O_3 : 31%	SiO_2 : 50%	Al_2O_3 : 3%	Fe_2O_3 : 3%
SiO_2 : 36%		$CaCO_3$: 5%	SiO_2 : 2%
Al_2O_3 : 9%			

Question : Faire une charge de 1000 Kg pour obtenir une matte à 42% Cu et une scorie ayant du SiO_2, CaO, FeO dans le rapport de 40, 15 et 45 et comptant le MgO et CaO dans les proportions équivalents.

Solution

Une matte à 42% Cu contient 30,5% Fe ; 27,5% S ; 47,5% FeS et 52,5% Cu_2S.

- Prenons 100 Kg de grillé : ils contiennent :

14 Kg Cu_2S contiennent $\frac{128}{160} \times 14 = 11,2\ kd\ de\ Cu$

Poids S matte = $\frac{27,5}{42} \times 11,2 = 7,4\ kg$

Poids S grillé = $0,8 \left(0,32 \times 14 + \frac{33}{88} \times 10\right) = 5,15\ kg$

Or, il nous en faut 7,41 Kg

Donc, il faut ajouter 7,41 - 5,15 = 2,26 Kg de S qu'on prendra de B.

- Pour 1 Kg de B, on a : 0,30 Kg $CuFeS_2$; 0,20 Kg FeS_2 ; 0,50 Kg SiO_2

Poids S dans B = $\frac{64}{184}.0,3 + \frac{64}{120}.0,2 = 0,211$ Kg

Poids S dans la matte = 0,8 × 0,211 = 0,169 Kg

Poids Cu dans B = $\frac{64}{184}.0,3 = 0,1043$ Kg

Poids S matte correspondant $\frac{27,5}{42,5}.0,1043 = 0,069$ Kg

Poids S de B à donner à A = 0,169 – 0,069 = 0,100 Kg S.

Le poids de B à mélanger avec 100 Kg de A est :

0,100 Kg S sont contenus dans 1 Kg de B

2,26 Kg S seront contenus dans 22,6 Kg de B

Poids de SiO_2 dans A + B = 0,36 x 100 + 0,5 x 22,6 = 47,3 Kg

Poids Fe dans A + B = $\frac{56}{88}.10 + \frac{112}{160}.31 + \frac{56}{186}.0,3.22,6 = 32,5\ Kg$

Poids Fe dans la matte déduit du poids Cu matte :

$\frac{30,5}{42}.(11,2 + 0,1043.22,6) = 9,8\ Kg\ Fe$

Poids Fe scorie = 32,5 - 9,8 = 22,7 Kg

Poids FeO scorie = $22,7.\frac{72}{56} + 29,2\ Kg\ FeO$

Suivant le rapport SiO_2 : FeO = 40 : 45, on a : $\frac{45}{40}.47,3 = 53,2\ Kg$ de FeO

Puisqu'il n'y a que 29,2 Kg de FeO, donc il manque 53,2 - 29,2 = 24 Kg de FeO à prendre du minerai C.

- Considérons 1 Kg de C

Poids FeO dans C : $\frac{144}{160}.0,8 = 0,72\ Kg$

Poids FeO à donner à A + B = Poids FeO dans C - Poids FeO imposé par le rapport dans la scorie.

Poids SiO_2 dans C : $\frac{12}{100} = 0,12\ Kg$

$\frac{45}{40}.0,12 = 0,135\ Kg$ FeO imposé

Poids FeO à donner à A + B + 0,72 - 0,135 = 0,585 Kg FeO/Kg C.

Poids de C à prendre : 0,585 kg sont contenus dans 1 Kg de C

24 kg seront contenus dans 41 Kg de C.

- La scorie correspondante à A + B + C contient :

Poids SiO_2 = $47,3 + \frac{12}{100}.41 = 52,2$ Kg

Poids CaO imposé = $\frac{15}{40}.52,2 = 19,6\ Kg$

Or, le poids CaO dans C = $\frac{56}{100}.0,05.41 = 1,1\ Kg$

Donc, il manque 19,6 - 1,1 = 18,5 Kg de CaO à prendre à D.

- Considérons 1 Kg de D

Poids CaO = $\dfrac{56}{100}.0{,}80 + \underbrace{\dfrac{40}{84}.0{,}15.\dfrac{56}{40}}_{\text{équivalent de MgO en CaO}} = 0{,}548\ Kg$

Poids CaO imposé = $\dfrac{15}{40}.0{,}02 = 0{,}008\ Kg$

Poids CaO de D à donner à A + B + C = 0,548 - 0,008 = 0,54 Kg

0,54 Kg est donné par 1 Kg

18,5 Kg est donné par 34,26 Kg de D

La charge est donc de : 100 + 22,6 + 41 + 34,26 = 197,86 Kg

Compte tenu du SiO_2 dans les cendres nous aurons :

Poids du charbon = 0,13 x 197,9 = 25,7 Kg

Poids de cendres = 0,15 x 25,7 = 3,855 Kg

Poids de cendres dans la charge = 0,5 x 3,855 = 1,93 Kg

Poids de SiO_2 dans 1,93 Kg de cendres = 0,9 x 1,93 = 1,74 Kg

Poids FeO correspondant à 1,74 Kg de SiO2 = $\dfrac{45}{40}.1{,}74 = 1{,}96\ Kg$ de FeO

Or, le charbon ne contient que 0,1 x 1,93 = 0,19 Kg FeO

Donc, il faut ajouter 1,96 - 0,19 = 1,77 Kg FeO

Ainsi, la quantité à ajouter à C est $\dfrac{1{,}77}{0{,}585} = 3\ Kg$

Poids C devient 41 + 3 = 44 Kg

Poids CaO correspondant à 1,74 Kg SiO2 = $\dfrac{15}{40}.1{,}74 = 0{,}65\ Kg$

Poids CaO dans C = $\dfrac{56}{100}.0{,}05.3 = 0{,}08\ Kg$

Poids CaO à ajouter à C = 0,65 - 0,08 = 0,57 kg

Poids de D supplémentaire $\dfrac{0{,}57}{0{,}54} = 1{,}1\ Kg$

Poids total D = 34,3 + 1,1 = 35,4 Kg

Charge totale = 100 + 22,6 + 44 + 35,4 = 202 Kg

Pour 1000 Kg de charge on a :

$\dfrac{1000}{202}.100 = 495$ Kg de grillé

$\dfrac{1000}{202}.22{,}6 = 112$ Kg de minerai brut

$$\frac{1000}{202}.44 = 218 \text{ Kg de minerai de Fe}$$

$$\frac{1000}{202}.35,4 = 175 \text{ Kg de minerai de CaCO}_3$$

Autre Méthode

Soient :
- X = Poids minerai A
- Y = Poids minerai B
- Z = Poids minerai C
- U = Poids minerai D

La charge doit être de 1000 Kg ⇒ X + Y + Z + V = 1000   (1)

Poids S dans la matte :

$$0,8.\left(0,14.\frac{64}{160}.X + 0,1.\frac{64}{88}.X + 0,3.\frac{32}{184}.Y + 0,2.\frac{32}{120}.Y\right) = 0,051X + 0,17Y$$

Or, la matte à 42% Cu contient 27,5% S et 30,5% Fe.

Donc, Poids matte $\frac{100}{27,5}.(0,051X + 0,17Y) = 0,185X + 0,62Y$

Poids Cu matte = $0,14.\frac{128}{160}.X + 0,3.\frac{64}{184}.Y = 0,12X + 0,10Y$

Cette quantité de Cu représente 42% de la matte

0,112X + 0,10Y = 0,42(0,185X + 0,62Y)

0,0343X - 0,16Y = 0   (2)

Poids Fe total :

$$0,1.\frac{56}{88}.X + 0,31.\frac{112}{160}.X + 0,2.\frac{56}{120}.Y + \frac{0,3.56}{184}.Y + 0,8.\frac{112}{160}.Z + 0,03.\frac{112}{160}.U + 0,76$$

Fe : charbon
= 0,281X + 0,184Y + 0,56Z + 0,021U + 0,76

Poids Fe matte = 0,305.(0,185X + 0,62Y)
= 0,1056X + 0,19Y

Poids Fe scorie :
= (0,281X + 0,184Y + 0,56Z + 0,021U + 0,76) - (0,056X + 0,19Y)
= 0,225X - 0,006Y + 0,56Z + 0,021U + 0,76

Poids FeO scorie = 0,289X - 0,008Y + 0,72Z + 0,027U + 0,977

Poids SiO$_2$ = 0,36X + 0,5Y + 0,12Z + 0,02U + 8,775 (charbon)

Or, la composition de la scorie exige $\dfrac{Poids\ SiO_2}{Poids\ FeO} = \dfrac{40}{45}$

$\Rightarrow \dfrac{0,36X + 0,5Y + 0,12Z + 0,02U + 8,775}{0,289X - 0,008Y + 0,72Z + 0,027U + 0,977} = \dfrac{40}{45} = 0,89$

$0,36X + 0,5Y + 0,12Z + 0,02U + 8,775 = 0,26X - 0,007Y + 0,64Z + 0,024U + 0,87$

$0,10X + 0,507Y - 0,52Z - 0,004U + 7,905 = 0$ \quad (3)

Poids de CaO scorie = $0,05 \cdot \dfrac{56}{100} \cdot Z + 0,8 \cdot \dfrac{56}{100} \cdot U + 0,15 \cdot \underbrace{\dfrac{40}{84} \cdot \dfrac{56}{40}}_{équivalent\,MgO} \cdot U$

$= 0,028Z + 0,548U$

$\dfrac{Poids\ CaO}{Poids\ SiO_2} = \dfrac{15}{40}$

$\dfrac{0,028Z + 0,548U}{0,36X + 0,5Y + 0,12Z + 0,02U + 8,775} = \dfrac{15}{40}$

$0,028Z + 0,548U = 0,135X + 0,19Y + 0,045Z + 0,0075U + 3,29$

$\Rightarrow 0,135 + 0,19Y + 0,017Z - 0,54U + 3,29 = 0$ \quad (4)

$$\begin{cases} X + Y + Z + U = 1000 & (1) \\ 0,03X - 0,16Y = 0 & (2) \\ 0,10X + 0,5Y - 0,52Z - 0,004U = -7,9 & (3) \\ 0,14X + 0,19Y + 0,02Z - 0,54U = -3,29 & (4) \end{cases}$$

$(2) \Rightarrow X = 5,3Y$

$$\begin{cases} 6,3Y + Z + U = 1000 \\ Y - 0,52Z - 0,004U = 7,9 \\ 0,9Y + 0,02Z - 0,54U = -3,29 \end{cases}$$

$\Delta = \begin{vmatrix} 6,3 & 1 & 1 \\ 1 & -0,52 & -0,004 \\ 0,9 & 0,02 & -0,54 \end{vmatrix} = (1,77 - 0 + 0,02) - (0,47 - 0 - 0,5) = 2,8$

$\Delta Y = \begin{vmatrix} 1000 & 1 & 1 \\ -7,9 & -0,52 & -0,004 \\ -3,29 & 0,02 & -0,54 \end{vmatrix} = (280,8 + 0,01 - 0,16) - (1,71 - 0,08 - 4,3) = 274,72$

$$\Delta Z = \begin{vmatrix} 6{,}3 & 1000 & 1 \\ 1 & -7{,}9 & -0{,}004 \\ 0{,}9 & 3{,}29 & -0{,}54 \end{vmatrix} = (26{,}88 - 3{,}6 - 3{,}29) - (-7{,}11 + 0{,}08 - 540) = 567{,}02$$

$$\Delta U = \begin{vmatrix} 6{,}3 & 1 & 1000 \\ 1 & -0{,}52 & -7{,}9 \\ 0{,}9 & 0{,}02 & -3{,}29 \end{vmatrix} = (10{,}8 - 7{,}11 + 20) - (-468 - 3{,}29 - 0{,}9954) = 496$$

$$Y = \frac{\Delta Y}{\Delta} = \frac{274{,}72}{2{,}8} = 98{,}11 \text{ kg}$$

$$Z = \frac{\Delta Z}{\Delta} = \frac{567{,}02}{2{,}8} = 202{,}5 \text{ kg}$$

$$U = \frac{\Delta U}{\Delta} = \frac{496}{2{,}8} = 202{,}5 \text{ kg}$$

X = 5,3 x 98,11 = 519,98 Kg

2.9   Calculs au four à réverbère

Un minerai de cuivre a la composition suivante : Cu_2S : 18% ; FeS_2 : 55% et SiO_2 : 27%. Il est fondu dans un four à réverbère utilisant $CaCO_3$ comme fondant. La scorie contient 35% FeO et 20% CaO.

1) *Calculer le poids de $CaCO_3$ nécessaire par tonne de minerai*
2) *Calculer le poids de la scorie formée*
3) *Calculer le poids de la matte formée*
4) *Calculer le volume d'air théorique nécessaire pour la charge*

<u>Solution</u>

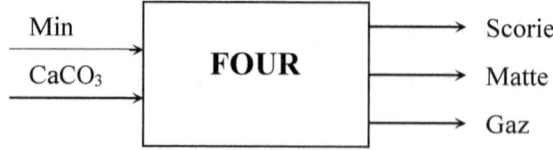

1) La scorie est composée de 35% FeO, 20% CaO et 45% SiO_2.

   Poids SiO_2 dans le minerai $\frac{27}{100} \cdot 1000 = 270$ Kg

Comme le minerai est la seule source de SiO_2 ⇒ 270 Kg de SiO_2 du minerai représente le 45% de SiO_2 de la scorie.

Poids de la scorie = $\dfrac{270}{45} \cdot 100 = 600\,Kg$

1) Poids de CaO dans la scorie = $\dfrac{20 \cdot 600}{100} = 120\,Kg$

Or, 56 g de CaO sont produits par 100 g de $CaCO_3$.

Donc, 120 Kg de CaO sont produits par $\dfrac{170 \cdot 100}{56} = 214{,}28\,Kg$ de $CaCO_3$.

Le poids de $CaCO_3$ nécessaire est 214,28 Kg.

2) La matte est composée de Cu_2S et FeS

Le minerai contient 180 Kg de Cu_2S qui vont dans la matte.

La charge contient $\dfrac{56}{120} \cdot 550 = 256{,}6\,Kg$ de Fe

Dans la scorie, il y a $\dfrac{35}{100} \cdot 600 = 210\,Kg$ de FeO = $\dfrac{56}{72} \cdot 21 = 163{,}3\,Kg$ Fe

Fe dans la matte = 256,6 - 163,3 = 93,3 Kg de Fe.

Le poids de FeS dans la matte est donc $\dfrac{88}{56} \cdot 93{,}3 = 146{,}6\,Kg$

Poids de la matte = 180 + 146,6 = 226,6 Kg matte

3) L'oxygène n'attaque que le FeS_2 pour donner le FeO (scorie)

Selon la réaction : $FeS_2 + 5/2\,O_2 \rightarrow FeO + 2\,SO_2$.

72 g de FeO consomment 80 g de O_2

$\Rightarrow$ 210 Kg de FeO consomment 23 Kg d'O_2

$n(O_2) = \dfrac{233}{32} = 7{,}29\,Kmoles$

$V(O_2) = 7{,}29 \times 22{,}4 = 163{,}3\,Nm^3$ d'O_2

$V_{air} = \dfrac{163{,}3 \cdot 100}{21} = 777{,}7\,Nm^3$ d'air

2.10   Calculs au four à réverbère

Un minerai de Cu a la composition suivante : 11% Cu (sous forme de Cu_2S), 33,8% Fe (sous forme de FeS_2) et le reste est du SiO_2.

   a) Le minerai est fondu dans un four à réverbère sans grillage préalable. Pour la fusion, on utilise par 1000 Kg de minerai 200

Kg de $CaCO_3$ et 250 Kg d'un minerai de Fe contenant 85% Fe_2O_3, 15% SiO_2 et formant une scorie contenant 45% FeO.

b) Le minerai est d'abord grillé puis fondu au four à réverbère en utilisant par 1000 Kg de minerai grillé la même quantité d'additifs qu'au n° (a). La composition du grillé obtenu à partir de 100Kg de minerai frais est la suivante :

9,7 Kg Cu_2S 16,4 Kg Fe_2O_3

3,1 Kg CuO   15,9 Kg Fe_3O_4

2,0 Kg $CuSO_4$ SiO_2 : même quantité que dans le minerai frais.

17 Kg FeS

On demande :

1) Le poids et le degré de la matte ainsi que le poids et le pourcentage de la scorie par 1000 Kg de minerai frais (cas a).

2) Même question si le minerai est grillé avant d'être fondu en supposant que 10% de S chargé au four à réverbère est éliminé sous forme de SO_2.

3) Quelle serait la quantité de minerai de Fe à ajouter par 1000 Kg de grillé pour que la scorie donne 25% de SiO_2.

Solution

1) Poids Cu dans le minerai = 110 Kg ≡ Poids Cu_2S = $\frac{160}{128}.110 = 137,5$ Kg

Poids Fe dans le minerai = 338 Kg ≡ Poids FeS_2 = $\frac{120}{56}.338 = 724,3$ Kg

- Constitution de la scorie :

Poids SiO_2 scorie = Poids SiO_2 minerai frais + Poids SiO_2 minerai de Fe

$$= 138,2 + \frac{15}{100}.250 = 176 \text{ Kg de } SiO_2$$

Poids CaO scorie = Poids CaO provenant de $CaCO_3$ de la charge

$$= \frac{56}{100}.200 = 112 \text{ Kg de CaO}$$

La scorie est formée de FeO – CaO – SiO_2

Comme FeO représente 45% de la scorie ⇒ CaO + SiO_2 = 55%

⇒ 176 + 112 = 288 Kg ≡ 55% de la scorie

Poids scorie = $\dfrac{288.100}{55}$ = 523,6 Kg de scorie

Poids FeO dans scorie = 235,6 Kg

%SiO$_2$ scorie $\dfrac{176.100}{523,6}$ = 33,6%

%CaO scorie = $\dfrac{112.100}{523,6}$ = 21,4%

- <u>Constitution de la matte</u>

Poids Fe total dans la charge = Fe du minerai frais + Fe du minerai de Fe.

= 338 + $\dfrac{85}{100}$ .250. $\dfrac{112}{160}$ = 486,75 Kg

Poids de Fe dans la scorie = 235,6. $\dfrac{56}{72}$ = 183,24

Poids de Fe dans la matte = 486,75 - 183,24 = 305,51 Kg

Poids de FeS dans la matte 303,25. $\dfrac{88}{56}$ = 476,94 Kg

Poids de la matte = 137,5 + 476,94 = 614,4 Kg de matte

%Cu matte = $\dfrac{110}{614}$ .100 = 17,9% ≅ 18%

2) Le grillé à partir de 1000 Kg de minerai frais est composé de : 97 Kg Cu$_2$S, 31 Kg de CuO, 20 Kg de CuSO$_4$, 170 Kg de FeS, 164 Kg de Fe$_2$O$_3$, 159 Kg de Fe$_3$O$_4$ et 176 Kg de SiO$_2$.

Poids du grillé par 1000 Kg de minerai frais = 817 Kg

Poids du S dans le grillé $\dfrac{32}{160}$ .97 + $\dfrac{32}{160}$ .20. $\dfrac{32}{88}$ + 170 = 85,2 Kg

Poids S dans la matte = $\dfrac{90}{100}$ .85,2 = 76,68 Kg de S

Poids Cu dans la matte = 110 Kg

Poids S sous forme de Cu$_2$S dans la matte = $\dfrac{110.0,32}{128}$ = 27,5 Kg

Poids S sous forme de FeS dans la matte = 76,68 - 27,5 = 49,18 Kg

Poids FeS dans la matte = 49,18. $\dfrac{88}{32}$ = 135,25 Kg de FeS

Poids de la matte = 137,5 + 135,25 = 272,75 Kg

%Cu dans la matte = $\dfrac{110}{272,75}.100 = 40,33\% \cong 40\%$

- Constitution de la scorie

Pour 817 Kg de grillé on utilise :

$\dfrac{200.817}{1000} = 163,4$ Kg de $CaCO_3$

$\dfrac{250.817}{1000} = 204,25$ Kg de minerai de fer

Poids de SiO_2 dans la scorie = $138 + \dfrac{15}{100}.204,25 = 168,25$ Kg

Poids de CaO dans la scorie = $\dfrac{56}{100}.163,4 = 91,5$ Kg

Poids Fe dans la scorie = Poids Fe_{tot} - Poids Fe dans la matte

$= \left(338 + \dfrac{85}{100}.\dfrac{112}{160}.204,25\right) - \left(135,25.\dfrac{56}{88}\right)$

$= 459,5 - 86 = 373,50$ Kg de Fe

Poids FeO dans la scorie = $373,5.\dfrac{72}{56} = 480,2$ Kg

Poids scorie = 168,64 + 91,5 + 480,2 = 740,34 Kg

%SiO_2 = $\dfrac{168,64}{740,34}.100 = 22,78\%$

%CaO = $\dfrac{91,5}{740,34}.100 = 12,40\%$

%FeO = $\dfrac{480,2}{740,34}.100 = 64,82\%$

Soit X poids du minerai de fer

Dans 1000 Kg de grillé il y a : 118,72 Kg Cu_2S ; 38 Kg de CuO ; 24,5 Kg de $CuSO_4$; 208 Kg de FeS ; 200 Kg de Fe_2O_3 ; 194,6 Kg de Fe_3O_4 et 215,42 Kg de SiO_2.

Poids SiO_2 scorie = Poids SiO_2 grillé + Poids SiO_2 minerai fer
$= 215,5 + 0,15$ X

Poids CaO = 91, 5 Kg

Poids S charge = $118,72\dfrac{32}{160} + 24,5\dfrac{32}{160} + 208\dfrac{32}{88} = 104,23\ Kg$

Poids S matte = 90 % Poids S charge = 0, 9. 104, 23 = 93, 81 Kg

Poids Cu matte Poids Cu grillé $= 118{,}72\frac{128}{160} + 38\frac{64}{80} + 24{,}5\frac{64}{160} = 134\ Kg$

Poids S sous forme Cu$_2$S = $134.\frac{32}{128}$ = 33,5 Kg

Poids S sous forme de FeS =93,81 – 33,5 = 60,31 Kg

Poids FeS matte = $60{,}31.\frac{88}{32} = 165{,}85\ Kg$

Poids Fe matte = $165{,}85.\frac{56}{88} = 105{,}54\ Kg$

Poids Fe charge $= \left(208.\frac{56}{88} + 200.\frac{112}{160} + 194{,}6.\frac{168}{232}\right) + 0{,}85\frac{112}{160} = 413 + 0{,}595\ X\ Kg$

Poids Fe scorie = Poids Fe charge – Poids Fe matte
$$= 413 + 0{,}595X - 105{,}54 = 307{,}46 - 0{,}595X$$

Poids FeO scorie = $(307{,}46 - 0{,}595X).\frac{72}{56} = 394{,}7 + 0{,}765X$

Alors Poids scorie = 215,5 + 0,15 X + 112 + 394,7 + 0,765X = 722,2 + 0,915 X

Or, le poids de SiO$_2$ doit faire 25% de la scorie

$\Rightarrow$ 215,5 + 0,15X = 0,25.(722,2 + 0,915X)

    215,5 + 0,15X = 0,23X + 180,55

    0,23X -0,15 X = 215,5 – 180,55

    X = 436,875 Kg

2.11 Calculs au haut-fourneau

Un haut fourneau pour cuivre fond un minerai de composition moyenne suivante : 9% Cu ; 29% Fe ; 8% S ; 31% SiO$_2$; 5% CaO ; 3% Al$_2$O$_3$ et 6% H$_2$O. On utilise de la castine comme fondant contenant 5% SiO$_2$ et 95% CaCO$_3$ et pesant le 1/5 du poids du minerai. On utilise également du coke soit 12% en poids du minerai et contenant 83% C ; 8% SiO$_2$; 4% Al$_2$O$_3$; 2% Fe ; 1% S et 2% H$_2$O. On suppose que 25% de soufre chargé s'oxyde et est éliminé dans les gaz sous forme de SO$_2$. Le gaz sec titre 0,8% SO$_2$; 13% CO$_2$; 8% O$_2$; 78,2% N$_2$. On néglige les pertes dans les poussières et les pertes de cuivre dans la scorie.

    On demande :

1) *Le poids ainsi que la teneur de la matte par 1000 kg de minerai*
2) *Le poids ainsi que le pourcentage de la scorie*
3) *Le volume du gaz sec*

Solution

1) Poids Cu charge = Poids Cu matte = $\frac{9 \times 1000}{100} = 90\,kg$

   Poids Cu$_2$S matte = $\frac{160}{128} \cdot 90 = 112{,}5$ kg

   Poids S matte = Poids S charge - Poids S éliminé

   Poids S charge = $\frac{8}{100} \cdot 1000 + \frac{1}{100} \cdot \frac{12}{100} \cdot 1000 = 81{,}2$ Kg

   Poids S éliminé = 81,1 x 0,25 = 20,3 kg

   Poids S matte sous forme de Cu$_2$S = $\frac{32}{100} \cdot 112{,}5 = 22{,}5$ Kg

   Poids S matte sous forme FeS = 60,9 - 22,5 = 38,4 Kg

   Poids FeS matte = $\frac{88}{32} \cdot 38{,}4 = 105{,}6$ Kg

   Poids Fe matte = $105{,}6 \cdot \frac{56}{88} = 67{,}2$ Kg

   Poids matte = 112,5 + 105,6 = 218,1 kg

   %Cu matte = $\frac{90}{218{,}1} \cdot 100 = 41{,}26\%$

2) La scorie est composé de : FeO, SiO$_2$, Al$_2$O$_3$, CaO
   - Poids Fe dans la scorie = Poids Fe charge - Poids Fe matte

   Poids Fe charge = $\frac{29}{100} \cdot 1000 + \frac{2}{100} \cdot \frac{12}{100} \cdot 1000 = 292{,}4$ Kg

   Poids Fe$_{scorie}$ = 292,4 - 67,2 = 225,2 kg

   Poids FeO$_{scorie}$ = $225{,}2 \cdot \frac{72}{56} = 289{,}5$ Kg

   - Poids SiO$_2$ = $\frac{31}{100} \cdot 1000 + \frac{1}{5} \cdot 1000 \cdot \frac{5}{100} + \frac{12}{100} \cdot 1000 \cdot \frac{8}{100} = 329{,}6$ Kg

   - Poids CaO = $\frac{5}{100} \cdot 1000 + \frac{1}{5} \cdot 1000 \cdot \frac{95}{100} \cdot \frac{56}{100} = 156{,}4$ Kg

   - Poids Al$_2$O$_3$ = $\frac{3}{100} \cdot 1000 + \frac{12}{100} \cdot 1000 \cdot \frac{4}{100} = 34{,}8$ Kg

   Poids scorie = 810,3 Kg

   La composition pondérale de la scorie est :

$$\%\text{FeO} = \frac{289{,}6}{810{,}3}.100 = 35{,}7\%$$

$$\%\text{SiO}_2 = \frac{329{,}6}{810{,}3}.100 = 40{,}7\%$$

$$\%\text{CaO} = \frac{156{,}4}{810{,}3}.100 = 19{,}3\%$$

$$\%\text{Al}_2\text{O}_3 = \frac{34{,}8}{810{,}3}.100 = 4{,}3\%$$

3) La réaction de la formation de SO_2 est :
   $S + O_2 = SO_2$
   Poids S = 20,3 Kg
   Une mole de S produit une mole de SO_2
   $$n(SO_2) = n(s) = \frac{20{,}3}{32} = 0{,}625 \text{ Kmoles}$$
   $V(SO_2) = 0{,}625 \times 27{,}4 = 14 \text{ Nm}^3 \; SO_2$
   $V(SO_2)$ représente le 0,8% du gaz sec

   $$\text{Donc, } V_{\text{gaz sec}} = \frac{14 \times 100}{0{,}8} = 1750 \text{ Nm}^3$$

2.12   Calculs au four à réverbère

Un minerai de chalcopyrite contient 14% Cu (sous forme de $CuFeS_2$) ; 22% SiO_2 et le reste est du FeS_2. Il est fondu au four à réverbère chauffé au mazout. On y ajoute suffisamment de $CaCO_3$ pour obtenir une scorie à 35% SiO_2, 20% CaO, 45% FeO. En supposant que la chaleur de formation de la scorie est de 250 kcal/kg de SiO_2. Trouver :

1) Le poids de chaque composant de la charge par 100 kg de minerai
2) La quantité de matte par 100 kg de minerai ainsi que sa qualité
3) La chaleur dégagée par 100 kg de minerai

Solution

1) 100 kg de minerai contient :

$$\begin{cases} CuFeS2 : 14 \cdot \dfrac{100}{64} = 40,25\ Kg \\ SiO_2 : 22 \cdot \dfrac{100}{100} = 22\ Kg \\ FeS_2 : 100 - 40,25 - 22 = 37,75\ Kg \end{cases}$$

Le poids de SiO_2 dans la charge (minerai) représente 35% de la scorie car le minerai est la seule source de SiO_2.

Poids SiO_2 = 22 kg $\Rightarrow$ Poids scorie = $\dfrac{22 \cdot 100}{35}$ = 62,86 Kg

Poids CaO = $\dfrac{20}{100} \cdot 62,86 = 12,57\ Kg$

Poids $CaCO_3$ de la charge = $12,57 \cdot \dfrac{100}{56} = 22,45$ Kg

2) Poids Cu = $\dfrac{14 \cdot 100}{100} = 14$ Kg

Poids Cu_2S = $14 \cdot \dfrac{160}{128} = 17,5$ Kg

Poids Fe charge = $40,25 \cdot \dfrac{56}{184} + 37,75 \cdot \dfrac{56}{120} = 29,87$ Kg

Poids FeO scorie = $\dfrac{45}{100} \cdot 62,86 = 28,287$ Kg

Poids Fe scorie = $28,287 \cdot \dfrac{56}{72} = 22$ Kg

Poids Fe matte = 29,87 - 22 = 7,87 Kg

Poids FeS matte = $7,87 \cdot \dfrac{88}{56} = 12,37$ Kg

Poids matte = 17,5 + 12,37 = 29,87 Kg

%Cu matte = $\dfrac{14}{29,87} \cdot 100 = 46,87\%$

3) Chaleur dégagée = 250 x 22 = 5500 Kcal

2.13 Calculs au four à cuve

Un four à cuve fond un minerai contenant 23% $CuFeS_2$, 50% FeS_2, 25% SiO_2, 2% CaO. Le coke est utilisé à raison de 4% du poids du minerai et contient 90% C et 10% SiO_2. On utilise aussi du $CaCO_3$ pur comme fondant. La scorie contient SiO_2, CaO et FeO dans le rapport 40 : 20 : 45. On suppose que la pyrite libère du soufre atomique qui passe dans les gaz sous forme de S_2 vapeur et qu'il n'y a pas de CO dans les gaz. On demande :

1) Le poids de la scorie formée par tonne de minerai
2) Le poids de la matte et sa qualité par tonne de minerai
3) Le volume d'air nécessaire avec un excès de 10%
4) Le volume de gaz du haut fourneau
5) Le pourcentage de chaleur dégagée par la combustion du coke en négligeant la chaleur de formation de la chaleur de décomposition de $CaCO_3$.

Solution

Inventaire des éléments du minerai par 1000 Kg

- Poids $CuFeS_2 = \dfrac{23}{100}.1000 = 230\ Kg \Rightarrow \begin{cases} \dfrac{64}{184}.230 = 80\ Kg\ Cu \\ \dfrac{56}{184}.230 = 70\ Kg\ Fe \\ \dfrac{64}{184}.230 = 80\ Kg\ S \end{cases}$

- Poids $FeSO_2 = \dfrac{50}{100}.1000 = 500\ Kg\ FeS_2 \Rightarrow \begin{cases} \dfrac{56}{120}.500 = 233,3\ Kg\ Fe \\ \dfrac{64}{120}.500 = 266,6\ Kg\ S \end{cases}$

- Poids $SiO_2 = \dfrac{25}{100}.1000 = 250\ Kg\ SiO_2$

- Poids $CaO = \dfrac{2}{100}.1000 = 20\ Kg\ CaO$

- Poids Coke $= \dfrac{4}{100}.1000 = 40\ Kg \begin{cases} \dfrac{90}{100}.40 = 36\ Kg\ C \\ \dfrac{10}{100}.40 = 4\ Kg\ SiO_2 \end{cases}$

1) Poids SiO_2 scorie = Poids SiO_2 charge = 250 + 4 = 254 Kg SiO_2

   Poids de CaO scorie = $\dfrac{20}{40}$ Poids SiO_2 = $\dfrac{20}{40}.254 = 127$ Kg CaO

   Poids CaO provenant de $CaCO_3$ = 127 − 20 = 107 Kg

   Poids FeO scorie = $\dfrac{45}{40}.254 = 286$ Kg

Poids scorie = 286 + 127 + 254 = 667 Kg

2) Poids Cu = 80 Kg

Poids Cu_2S = Correspondant = $\dfrac{80.160}{128}$ = 100 Kg

Poids S (sous forme de Cu_2S) = 100 - 80 = 20 Kg S

Poids Fe scorie = $286 . \dfrac{56}{72}$ = 222,4 Kg

Poids Fe total = 70 + 233,3 = 303,3 Kg

Poids Fe matte = 303,3 - 222,4 = 81 Kg

Poids FeS matte = $81 . \dfrac{88}{56}$ = 127,3 Kg

Poids S (sous forme FeS) = 127,3 - 81 = 46,3 Kg

Poids matte = 100 + 127,3 = 227,3 Kg

%Cu matte = $\dfrac{80}{227,3} . 100$ = 35,2%

3) Poids S dans les gaz = Poids S charge - Poids S matte
= (80 + 266,6) - (20 + 46,3) = 280,3 Kg

La pyrite libère le S selon la réaction :

$FeS_2 = FeS + ½ S_2$

120 g de FeS_2 libère 32 g de S

500 Kg de FeS_2 $\Rightarrow$ $\dfrac{500}{120} . 32$ = 133,3 Kg S (sous forme S_2)

$V(S_2) = \dfrac{133,3}{64} . 22,4 = 46,65$ Nm³ S_2

Poids soufre sous forme SO_2 = 280,3 - 133,3 = 147 Kg

$S_2 + O_2 = SO_2$

$n(SO_2) = n(S) = \dfrac{147}{32} = 4,59$ Kmoles = $n(O_2)$

$V(SO_2) = 4,59 \times 22,4 = 102,9$ Nm³ SO_2

$V(O_2) = 102,9$ Nm³ O_2

$C + O_2 = CO_2$

$n(C) = n(O_2) = n(CO_2) = \dfrac{36}{12} = 3$ Kmoles

$V(CO_2) = V(O_2) + = 22,4 \times 3 = 67,2$ Nm³

Poids O_2 dans FeO = $\dfrac{16}{72} . 286 = 63,56$ Kg

$V(O_2) = \dfrac{63,56}{32} . 22,4 = 44,5$ Nm³

$$\Rightarrow V(O_2)_{total} = 102,9 + 67,2 + 44,5 = 214,5 \text{ Nm}^3$$

$$V_{air} = \frac{214,5}{21}.100 = 1021,4 \text{ Nm}^3$$

$$V_{air \text{ avec excès}} = \frac{1021}{100}.110 = 1127,57 \text{ Nm}^3$$

$$V(N_2) = \frac{2123,57}{100}.79 = 887,62 \text{ Nm}^3$$

$$V_{(O2 \text{ excès})} = \frac{(1023,57.1021,4)}{100}.21 = 21,45 \text{ Nm}^3$$

4) Volume gaz = $V_{(N2)} + V_{(O2 \text{ excès})} + V_{(CO2)} + V_{(SO2)} + V_{(S2)}$

$V_{(CO2)} = V_{(CO2)}$ provenant de C et $V_{(CO2)}$ provenant de $CaCO_3$

$$V_{(CO2)} \text{ provenant de } CaCO_3 = \frac{191}{100}.22,4 = 42,8 \text{ Nm}^3$$

Volume gaz = 887,62 + 21,45 + (42,8 + 67,2) + 102,9 + 46,65 = 1168,62 Nm^3

2.14 Calculs au four à réverbère

Un mélange de minerai est fondu dans un four à réverbère à raison de 1000 T/j et contient 19% $CuFeS_2$, 34% FeS_2, 3% CuO, 16% Fe_2O_3, 3% CaO et 25% SiO_2. On utilise du $CaCO_3$ pur comme fondant à raison de 20% du poids de minerai. Tout le soufre éliminé passe dans les gaz sous forme de SO_2. La matte obtenue pèse 22% du poids du mélange de minerai et sa qualité est de 39% Cu. Les gaz renferment 3,6% SO_2. On suppose que la chaleur de formation de la scorie est de 300 Kcal par Kg de SiO_2. On demande :

1) *Le poids de chaque (composant) constituant de la scorie par jour.*
2) *Le volume des gaz par jour*
3) *La chaleur dégagée par les réactions chimiques du four par jour et par kg de minerai.*

Solution

1) La scorie est composée de : SiO_2 - CaO - FeO

Poids SiO_2 scorie = Poids SiO_2 charge = $\frac{25}{100}.1000 = 250$ T

Poids CaO scorie = Poids CaO minerai + Poids CaO provenant de $CaCO_3$

$$\frac{3}{100}.1000 + \frac{20}{100}.1000.\frac{56}{100} = 142 \text{ T}$$

Poids Fe total = $\dfrac{19}{100}.1000.\dfrac{56}{84} + \dfrac{34}{100}.1000.\dfrac{56}{120}.100.\dfrac{16}{100}.\dfrac{112}{160} = 328{,}4$ T

Poids matte = $\dfrac{22}{100}.1000 = 220 = 220$ T

Pour une matte qui titre 39% Cu, le % Fe matte est 39,62%

$\Rightarrow$ Poids Fe matte = $\dfrac{39{,}62}{100}.220 = 87{,}164$ T

Poids Fe scorie = 328,4 - 87,164 = 241,236 T

Poids FeO scorie = $241{,}236.\dfrac{72}{56} = 310{,}16$ T

Poids scorie = 250 + 142 + 310,16 = 702,16 T

2) Poids S total = $\dfrac{19}{100}.1000.\dfrac{64}{84} + \dfrac{34}{100}.1000.\dfrac{64}{120} = 247{,}4$ T

Une matte de 39% Cu contient 22,38% S

$\Rightarrow$ Poids S matte = $\dfrac{22{,}38}{100}.220 = 61{,}6$ T

S éliminé = 247,4 - 61,6 = 185,8 T

Le S est éliminé selon $S + O_2 = SO_2$

$n_{(S)} = n_{(O2)} = n_{(SO2)}$

$V_{(SO2)} = 22{,}4.\dfrac{185}{32} = 130$ Nm^3 de SO_2

$V_{gaz} = \dfrac{130.100}{3{,}6} = 3612$ Nm^3/j

3) Chaleur dégagée = $300 \times 250.10^3 = 75.10^6$ Kcal/Jour

Soit $\dfrac{75.10^6}{10^6} = 75$ Kcal/j.Kg minerai

2.15 Calculs de fusion

Un minerai de cuivre contient 15% Cu, 30% Fe, 33% S et 22% SiO₂. Il est fondu pyritiquement pour donner une matte à 45%. On y a ajouté du CaCO₃ pour former une scorie à 14% de CaO. La chaleur de formation de la scorie est de 140 Kcal/Kg scorie. Le four est chauffé à 1300°C. Les gaz quittent le four à 200°C, la scorie et la matte à 1150°C. On suppose qu'il n'y a pas d'excès d'oxygène dans le four. On demande :
  1) *Le poids de CaCO₃ dans la charge par 1000 Kg de minerai*
  2) *La composition en % de la scorie*

Solution

1) Dans 1000 Kg de minerai, il y a :
   150 Kg Cu, 300 Kg Fe, 330 Kg S et 220 Kg SiO$_2$
   La matte à 45% Cu contient 27,84% Fe et 27,16% S.
   Tout le Cu passe dans la matte.
   $\Rightarrow$ 45% matte fait 150 Kg

   Poids matte = $\dfrac{150 \cdot 100}{45}$ = 333,3 Kg

   Poids Fe matte = 333,3 x 0,2784 = 92,8 Kg

   Poids Fe scorie = 300 − 92,8 = 207,2 kg

   Poids FeO scorie = $270,2 \cdot \dfrac{72}{56}$ = 266,4 Kg

   Poids FeO + Poids SiO$_2$ = 486,4 Kg ≡ 86% scorie

   Poids scorie = $\dfrac{486,4}{86} \cdot 100$ = 565,58 Kg

   Poids CaO = 565,58 x 0,14 = 79,2 Kg

   %SiO$_2$ scorie = $\dfrac{220}{565,58} \cdot 100$ = 38,9%

   %FeO scorie = $\dfrac{266,4}{565,58} \cdot 100$ = 47,1%

   %CaO = $\dfrac{79,2}{565,58} \cdot 100$ = 14%

2) La réaction de la production de CaO est :
   $CaCO_3 \rightarrow CaO + CO_2$
   Selon cette réaction,
   56 Kg de CaO sont produits par 100 kg de CaCO$_3$

   Poids CaCO$_3$ = $\dfrac{79,2}{56} \cdot 100$ = 141,43 Kg par 1000 Kg minerai

2.16   Calculs de fusion

On a utilisé une fusion pyritique pour fondre un minerai de pyrite contenant 2,5% Cu, 40% Fe, 25% S et 25% SiO$_2$. La matte résultante contient 8,1% Cu. (N.B. : Cette matte a été refondue à 40% Cu dans un autre four avant le convertissage). On a chargé 468 T/j de minerai avec un fondant de 39 T de SiO$_2$ pur et suffisamment de CaCO$_3$ pour donner 1 part de CaO pour 3 parts de SiO$_2$ dans la scorie. Le débit du four est de 625 m^3/min de gaz. On demande :

1) *Le poids de la matte et de la scorie formée par jour et le rapport de la scorie en SiO_2 : FeO : CaO totalisant 100 parts.*
2) *Le nombre de tonnes de $CaCO_3$ utilisé par jour et le % (pourcentage) de souffre qui passe dans les gaz.*
3) *L'analyse des gaz (on suppose que le soufre dans les gaz est sous forme de SO_2, qu'il n'y a pas d'oxygène provenant de la charge et qu'on utilise pas du coke).*
4) *Si le minerai était grillé avant la fusion, libérant par oxydation 9/10 de S en SO_2 et 9/10 de Fe en FeO_3 et en supposant qu'au four à cuve 25% de soufre reçu est oxydé ; quelle sera la qualité de la matte obtenue ?*

Solution

La charge journalière du four est constituée de :
- 468 T de minerai contenant 11,7 T Cu ; 187,2 T Fe ; 117 T S et 117 T SiO_2.
- 39 T de SiO_2 comme fondant.
- $CaCO_3$.

1) Une matte de 8,1% Cu aura 57,19% Fe et 34,71% S

* Poids matte = $\frac{11,7 \times 100}{8,1} = 144,4 T$ (En supposant que tout le Cu passe dans la matte)

Poids SiO_2 scorie = 117 + 39 = 156 T

Or $\frac{Poids\ SiO_2}{Poids\ CaO} = 3 \Rightarrow$ Poids CaO = $\frac{156}{3}$ = 52 T

Poids Fe scorie = Poids Fe charge - Poids Fe matte

$= 187,2 - \frac{57,19}{100} \times 144,4 = 104,62 T$

Poids FeO scorie = $104,62 \times \frac{72}{56} = 134,5 T$

Poids scorie = 156 + 52 + 134,5 = 342,5 T

% $SiO2$ = 45,5 %
% CaO = 15,2 %
% FeO = 39,3 %

Le rapport de la scorie en SiO_2 : FeO : CaO est de 45 : 40 : 15

2°. * Le CaO de la scorie vient de $CaCO_3$ de la charge selon

$$CaCO_3 \rightarrow CaO + CO_2$$

Selon cette réaction, 56 g de CaO sont produits par 100 g de $CaCO_3$

$\Rightarrow$ Poids $CaCO_3 = 52 \times \frac{100}{56} = 92,86 T$

Poids S gaz = Poids S charge - Poids S matte
$$= 117 - 0{,}3471 \times 144{,}4 = 66{,}88 \text{ T}$$

$$\% \ S \ gaz = \frac{66 \times 88}{117} \times 100 = 57{,}16\% \ de \ S.$$

3°. V gaz = 625 x 24 x 60 = 900.000 m^3

$S + O_2 = SO_2$

$n(S) = n(O_2) = n(SO_2) = \dfrac{66880}{32} = 2090$ Kmoles

V O_2 = V SO_2 = 2090 . 22,4 = 46 816 Nm^3

V N_2 = 46 816 . $\dfrac{79}{21}$ = 176 117,3 Nm^3

% SO_2 gaz = 5,2 %

% V_2 gaz = 19,57 %

$CaCO_3 \rightarrow CaO + CO_2$

Poids CO_2 = 92,86 . $\dfrac{44}{100}$ = 40,85 T

$n(CO_2) = \dfrac{40058}{44} = 928{,}6$ Kmoles

V CO_2 = 20.800,64 Nm^3

% CO_2 = 2,3 %

Le reste est constitué de l'air en excès ainsi que des gaz provenant d'autres éléments du minerai non analysés.

4°. Poids S dans le grillé = 117 . $\dfrac{1}{10}$ = 11,7 T

Poids S dans la nouvelle matte = 11,7 x 0,75 = 8,775 T

Poids Cu_2S matte = 11,7 . $\dfrac{160}{128}$ = 14,625 T

Poids S sous forme Cu_2S = 14,625 . $\dfrac{32}{160}$ = 2,925 T

Poids S sous forme FeS = 8,775 - 2,925 = 5,85 T

Poids FeS matte = 5,85 . $\dfrac{88}{32}$ = 16,088 T

Poids matte = 30,7 T

$$\% \ Cu = \frac{11,7}{30,7} \cdot 100 = 38,1 \ \%$$

2.17 Calculs au four à réverbère

Un four à réverbère chauffé au gaz naturel fond une charge composé de 1160 Kg d'un minerai grillé contenant 13 % Cu, 5 % S, 5 % CaO, 28 % Fe, 40 % Si O_2, 280 Kg de minerai frais contenant 6 % Cu, 32 % S, 24 % Fe, 31 % SiO_2 ; 300 Kg de $CaCO_3$, 260 Kg un minerai de fer, contenant 80 % Fe_2O_3 ; 20 % SiO_2

Un cinquième de soufre chargé passe dans les gaz sous forme de SO_2.
On demande :
  – *Le bilan de la charge du four*
  – *Le poids et la qualité de la matte*
  – *Le poids de la scorie et son rapport en SiO_2 : FeO : CaO exprimé en %.*

Solution

1°. Bilan de la charge

Poids entrée = 1.160 + 280 + 260 + 300 = 2000 Kg charge
Sortie : - matte
        - scorie
        - gaz

Poids S total charge = 0,05 x 1160 + 0,32 x 280 = 147,6 Kg

Poids S matte = 147,6 - $\frac{1}{5}$. 147,6 = 118 Kg

Poids Cu charge = 0,13 x 1160 + 0,06 x 280 = 167,8 Kg

Poids Cu_2S = 168 . $\frac{160}{112}$ = 210 Kg

Poids S sous forme Cu_2S = 210 - 168 = 42 Kg
Poids S sous forme FeS = 118 - 42 = 76 Kg

Poids Fe S = 76 . $\frac{88}{32}$ = 209 Kg $\Rightarrow$ Poids Fe matte = 133 Kg

Poids matte = 210 + 209 = 419, 2 Kg

Poids Fe tot = $0{,}28 \cdot 1160 + 0{,}24 \cdot 280 + 0{,}8 \cdot 260 \cdot \dfrac{112}{160}$

$\phantom{\text{Poids Fe tot}} = 324{,}8 + 67{,}2 + 145{,}6 = 537{,}6 \text{ Kg}$

Poids Fe scorie = $537{,}6 - 133 = 404{,}6 \text{ kg}$

Poids SiO_2 tot = $0{,}4 \cdot 1160 + 0{,}31 \cdot 280 + 0{,}20 \cdot 260 = 602{,}8 \text{ kg}$

Poids CaO tot charge = $0{,}05 \cdot 1160 = 58 \text{ Kg}$

Poids $CaCO_3$ charge = 300 Kg

Poids CaO scorie = $58 + 300 \cdot \dfrac{56}{226} = 226 \text{ Kg}$

Poids S gaz = $\dfrac{1}{5} \cdot 147{,}6 = 29{,}52 \text{ Kg}$

$Fe_2O_3 = 2\,FeO + \tfrac{1}{2}O_2$

Poids O_2 gaz = $0{,}8 \cdot 260 \cdot \dfrac{16}{160} = 20{,}8 \text{ Kg}$

Poids CO_2 gaz = $300 \cdot \dfrac{44}{100} = 132 \text{ Kg}$

	ENTREE					SORTIE			
	Minerai grillé	Minerai frais	Minerai Fe	Fondant	Total	Matte	Scorie	Gaz	Total
Cu	150,8	16,8	-		167,6	167.8	-	-	167,8
Fe	324,8	67,2	145,6		537,6	133,0	404,5	-	537,6
S	58,0	89,6	-		147,6	118,0	-	-	147,6
CaCO3	-	-	-	300	300,0	-	-	29,52	0
CaO	58,0	-	-		58,0	-	226,0	-	226,0
SiO2	454,0	86,8	52,0		602,8	-	602,8	-	602,8
CO2	-	-	-			-	-	132,0	132,0
O2	-	-	62,4		62,4	-	-	20,8	20,8
Poids Total	1055,4	280,0	260,0	300		418,8	1233,4	182,32	
	TOTAL 1876					TOTAL 1834,6			

2°. Poids matte = 419 Kg

% Cu matte = $\dfrac{167,8}{419} \cdot 100 = 40\ \%$

3°. Poids scorie = 1349 Kg

% SiO_2 = $\dfrac{602,8}{1349,0} \cdot 100 = 44,68\ \%$

% FeO = $\dfrac{520,2}{1349,0} \cdot 100 = 38,56\ \%$

% CaO = $\dfrac{226}{1349} \cdot 100 = 16,75\ \%$

Rapport SiO_2 : FeO : CaO est 45 : 40 : 15

2.18   Calculs au four à réverbère

Les concentrés de Cu contenant 18 % Cu_2S, 51 % FeS_2, 27 % SiO_2 et 4 % Al_2O_3 sont fondus dans un four à réverbère chauffé au mazout.

On utilise comme fondant un minerai de fer contenant 80 % Fe_2O_3, 20 % SiO_2 et de la castine contenant 94 % $CaCO_3$ et 6 % SiO_2.
La scorie doit avoir un rapport SiO_2 : FeO : CaO égal à 45 : 40 : 15 et la matte doit être à 44 % Cu. Le mazout contient 85 % C et 15 % H et pèse 10 % de la charge.
On demande par tonne de concentré
1) Le poids de chaque additif utilisé
2) Le volume d'air utilisé et l'analyse des gaz en admettant 10 % d'excès d'air nécessaire.

Solution

1) Poids Cu concentré = $\dfrac{128}{160} \cdot 180 = 144$ Kg

comme le Cu de la matte ne provient que du concentré et qu'il représente 44 % de la matte

Donc Poids matte = $\dfrac{144}{44} \cdot 100 = 327$ Kg matte

Poids Cu_2S = 180 Kg $\Rightarrow$ Poids S s-f Cu_2S = 180 - 144 = 136 Kg
Poids FeS matte = 327 – 180 = 147 Kg

Poids S sous forme FeS = $\dfrac{32}{88}$. 147 = 53 Kg

Poids Fe matte = 147 – 53 = 94 Kg

Poids S matte = 36 + 53 = 89 Kg

Soit X le poids du fondant et Y le poids de la castine

Poids CaO scorie = $\dfrac{56}{100}$. 0,94 Y = 0,53 Y

Poids SiO$_2$ scorie = 270 + 0,20 X + 0,06 Y

Poids Fe total = $\dfrac{56}{120}$. 510 + $\dfrac{112}{160}$. 0,80 X = 238 + 0,56 X

Poids Fe scorie = 238 + 0,56 X - 94 = 144 + 0,56 X

Poids FeO scorie = (144 + 0,56 X) . $\dfrac{72}{56}$ = 185 + 0,72 X

Poids scorie   = 0,53 Y + 270 + 0,20 X + 0,06 Y + 185 + 0,72 X
                 = 455 + 0,92 X + 0,53 Y

% SiO$_2$ scorie = $\dfrac{270+0,20X+0,06Y}{455+0,92X+0,53Y}$ = 0,45 (1)

% CaO scorie = $\dfrac{0,53Y}{455+0,92X+0,53Y}$ = 0,15 (2)

(1) ⇒ 21,4 X + 20,6 Y = 6525

(2) ⇒ - 138 X + 441 Y = 68250

$\begin{cases} -14X + 44Y = 6825 \\ 21X + 21Y = 6525 \end{cases}$

$\Delta = \begin{vmatrix} -14 & 44 \\ 21 & 21 \end{vmatrix}$ = - 294 -924 = - 1218

$\Delta x = \begin{vmatrix} -6825 & 44 \\ 6525 & 21 \end{vmatrix}$ = 143325 - 287100 = - 143775

$\Delta y = \begin{vmatrix} -14 & 6825 \\ 21 & 6525 \end{vmatrix}$ = - 21350 - 143325 = - 234675

$X = \dfrac{\Delta x}{\Delta} = \dfrac{-143775}{-1218} = 118$ Kg de fondant

$Y = \dfrac{\Delta y}{\Delta} = \dfrac{-234675}{-1218} = 193$ Kg   de castine

2) L'oxygène de l'air est utilisé dans les réactions suivante :
S + O_2 = SO_2 (1) (S provenant du concentré)
C + O_2 = CO_2 (2) (C provenant du mazout)
H_2 + ½ O_2 = H_2O (3) (H provenant du mazout)
Poids S gaz = Poids S concentré - Poids S matte

Poids S concentré = 36 + $\dfrac{64}{120}$. 510 = 308 Kg

Poids S gaz = 308 – 36 – 53 = 219 Kg

n(S) = n(SO_2) = n(O_2) = $\dfrac{219}{32}$ = 6,8 Kmoles

V O_2 = 6,8 x 22,4 = 153 Nm^3

Poids C mazout = 0,85 x 100 = 85 Kg

n (C) = n(CO_2) = n(O_2) = $\dfrac{85}{12}$ = 7,08 Kmoles

V O_2 = 7,08 x 22,4 = 158,67 Nm^3

Poids H_2 mazout = 15 Kg

n(O_2) = $\dfrac{1}{2}$ n(H_2) = $\dfrac{1}{2}$. $\dfrac{15}{2}$ = 3,75 Kmoles

V O_2 = 3,75 x 22,4 = 84 Nm^3

V O_2 consommé = 153 + 159 + 84 = 396 Nm^3

V O_2 nécessaire = V O_2 consommé – V O_2 disponible.

Fe_2O_3 passe dans la scorie en libérant de l'O_2 selon

Fe_2O_3 = FeO + ½ O_2

Poids Fe_2O_3 = 0,8 x 11,8 = 94,4 Kg

Poids O_2 = $\dfrac{94,4.16}{160}$ = 9,44 Kg

n (O_2) = $\dfrac{9,44}{32}$ = 0,295 $\Rightarrow$ V O_2 disponible = 6,6 Nm^3

V O_2 nécessaire = 396 - 7 = 389 Nm^3

V O_2 nécessaire avec excès de 10 % = 428 Nm^3

V air = $\dfrac{428}{21}$ .100 = 2038 Nm^3 d'air

Les gaz sont constitués de : SO_2, CO_2, H_2O, O_2, N_2

V SO_2 = 153 Nm^3

V O_2 = 39 Nm^3

V CO_2 = 159 Nm^3

V N_2 = $\dfrac{79}{100}$. 2038 = 1610 Nm^3

V H$_2$O = 168 Nm^3

V gaz = 2129 Nm^3

% SO$_2$ = $\dfrac{153}{2129}$. 100 = 7,19 %

% CO$_2$ = $\dfrac{159}{2129}$. 100 = 7,47 %

% H$_2$O = $\dfrac{168}{2129}$. 100 = 7,9 %

% O$_2$ = $\dfrac{39}{2129}$. 100 = 1,8 %

% N$_2$ = $\dfrac{1610}{2129}$. 100 = 75,6 %

2.19 Calculs au four à cuve

On dispose de matériaux suivants pour la fusion au four à Cuve :
Grillé ou minerai oxydé : 9 % Cu, 6 % S , 48 % SiO$_2$, 16 % Fe
Minerai sulfuré frais : 15 % Cu, 24 % S, 30 % SiO$_2$, 22 % Fe
Cendre pyritique : 3,5 % Cu, 3 S %, 15 % SiO$_2$, 50 % Fe.
Castine : 52 % CaO
Coke : 80 % C, 15 % SiO$_2$ et s'élève à 13 % du poids de la charge. Un tiers du soufre chargé passe dans les gaz. On demande :
1) Le poids de chaque matériau à charger pour avoir une matte à 48 % Cu et une scorie ayant SiO$_2$: FeO : CaO dans le rapport de 35 : 45 : 10 et pour que la charge sans coke s'élève à 1000 Kg.
2) Vérifier la qualité de la matte ainsi que le rapport de la scorie formée par cette charge.

Solution

1) Soient :
X : poids du grillé
Y : Poids du minerai frais
Z : Poids du cendre pyritique
U : Castine
X + Y + Z + U = 1000 Kg (1)

Poids S gaz = $(0,06\,X + 0,24\,Y + 0,03\,Z) \cdot \dfrac{1}{3}$ = 0,02 X + 0,08 Y + 0,01 Z

Poids S matte = (0,06 X +0,24 Y + 0,03 Z) - (0,02 X + 0,08 Y + 0,01)
= 0,04 X + 0,16 Y + 0,02 Z

Or une matte à 48 % Cu contient 26 % S

Donc poids matte = $\dfrac{0,04X + 0,16Y + 0,02Z}{0,26}$

Poids Cu charge = 0,09 X + 0,15 Y + 0,035 Z
Tout le Cu passe dans la matte et représente 48 %

$\Rightarrow$ Poids matte = $\dfrac{0,09X + 0,15Y + 0,035Z}{0,48}$

donc $\dfrac{0,04X + 0,16Y + 0,02Z}{0,26} = \dfrac{0,09X + 0,15Y + 0,035Z}{0,48}$ (2)

Poids Fe charge = 0,16 X + 0,022 Y + 0,5 Z
Une matte à 48 % Cu contient 25 % Fe

$\Rightarrow$ Poids Fe matte = $\dfrac{0,04X + 0,16Y + 0,02Z}{0,26} \cdot 0,25$

Poids Fe scorie = 0,16 X + 0,22 Y + 0,5 Z $- \dfrac{0,04X + 0,16Y + 0,02Z}{0,26} \cdot 0,25$

Poids SiO$_2$ = 0,48 X + 0,3 Y + 0,15 Z + 19,5
NB : 19,5 provient du Coke

0,48X+0,3Y+0,15Z+19,5 = 0,16X + 0,22Y + 0,5Z $- \dfrac{0,04X + 0,16Y + 0,02Z}{0,26} \cdot 0,25 \cdot \dfrac{72}{56}$

(3)
Poids CaO = 0,52 U

$\dfrac{0,52U}{0,48X + 0,3Y + 0,15Z + 19,5} = \dfrac{10}{35}$ (4)

(2) $\Rightarrow$ 0,018 X - 0,14 Y - 0,001 Z = 0
(3) $\Rightarrow$ 17,75 X + 13 Y - 9,7 Z + 877,5 = 0
(4) $\Rightarrow$ 4,8 X + 3Y + 1,5 Z - 18 U = - 195

Nous avons un système de 4 équations à 4 inconnues
X + Y + Z + U = 1000 (1)
18 X + 140 Y - Z = 0   (2)
18 X + 13 Y - 10 Z = - 877 (3)

5 X + 3 Y + 1,5 Z - 18 U = - 195 (4)
(2) ⇒ Z = 18 X - 140 Y
(1) ⇒ X + Y + 18 X - 140 Y + U = 1000
⇒ 19 X - 139 Y + U = 1000 (1')
(3) ⇒ 18 X + 13 Y - 180 X + 1400 Y = - 877
162 X + 1413 Y = - 877 (2')
(4) ⇒ 5 X + 3 Y + 27 X - 200 Y - 18 U = -195
32 X - 207 Y - 18 U = - 195 (3')

$$\begin{cases} 19X - 139Y + U = 1000 \\ -162X + 1413Y + 0U = -877 \\ 32X - 207Y - 18U = -195 \end{cases}$$

$$\Delta = \begin{vmatrix} 19 & -139 & 1 \\ -162 & 1413 & 0 \\ 32 & -207 & -18 \end{vmatrix} = -89604$$

$$\Delta x = \begin{vmatrix} 1000 & -139 & 1 \\ -877 & 1413 & 0 \\ -1195 & -207 & -18 \end{vmatrix} = -22782672$$

$$\Delta y = \begin{vmatrix} 19 & 1000 & 1 \\ -162 & -877 & 0 \\ 32 & -195 & -18 \end{vmatrix} = -2556412$$

$$\Delta u = \begin{vmatrix} 19 & -139 & 1000 \\ -162 & 1413 & -877 \\ 32 & -207 & -195 \end{vmatrix} = -12074550$$

X = $\dfrac{-22782672}{-89604}$ = 254 Kg

Y = $\dfrac{-2556412}{-89604}$ = 29 Kg

U = $\dfrac{-12074550}{-89604}$ = 135 Kg

Z = 18 . 254 - 140 . 29 = 582 Kg

2) Vérification :

$Poids\ Cu = 0,09 \times 254 + 0,15 \times 29 + 0,035 \times 582 = 47,58\ Kg\ Cu$

$Poids\ matte = \frac{0,04 \times 254 + 0,16 \times 29 + 0,02 \times 582}{0,26} = 101\ kg$

$\%\ Cu\ matte = \frac{47,58}{101} \times 100 \cong 48\%$

$Poids\ FeO\ scorie = 0,11 \times 254 + 0,02 \times 29 + 0,47 \times 852 = 302\ Kg$

$Poids\ SiO_2 = 0,48 \times 254 + 0,3 \times 29 + 0,15 \times 582 + 19,5 = 237,42\ Kg$

$\frac{Poids\ SiO_2}{Poids\ FeO} = \frac{237}{302} = 0,78$ tandis que $\frac{35}{45} = 0,78$

$Poids\ CaO = 0,52 \times 135 = 70,2\ Kg$

$\frac{Poids\ CaO}{Poids\ SiO_2} = \frac{70,2}{237,42} = 0,29$ tandis que $\frac{10}{35} \cong 0,29$

$Poids\ de\ coke = 0,13 \times 1000 = 130\ Kg$

$Poids\ C = 0,85 \times 130 = 110,5\ Kg$

2.20 Calculs du grillage

Un minerai de Cuivre contient 20 % Cu_2S, 40 % FeS_2, 30 % SiO_2 et 10 % H_2O. Il est grillé, la quantité de mazout est 5 % du poids du minerai chargé. Les gaz de combustion sont mélangés aux gaz de grillage et, évacués à travers la cheminée.

Le soufre sort sous-forme de SO_2.

Le minerai grillé contient uniquement du CuO, Fe_2O_3 et SiO_2. L'air utilisé est à 100% d'excès par rapport à la quantité théorique exigée par les réactions de grillage et la combustion. Le mazout est à 85 % C et 15 % H_2. On demande :

1°. Le poids du grillé pour une tonne de minerai
2°. Le volume en m^3 d'air utilisé
3°. Les grammes d'eau contenus dans chaque m^3 de gaz

Solution

1°. a) Poids des constituants du minerai frais par 1 tonne
30 % SiO_2 = 0,3 . 1000 = 300 Kg SiO_2
20% Cu_2S = 0,2 . 1000 = 200 Kg Cu_2S
40 % FeS_2 = 0,4 . 1000 = 400 Kg FeS_2

10 % H_2O = 0,1 . 1000 = 100 Kg H_2O
b) Constituant du grillé :
Poids SiO_2 = 300 Kg
CuO est obtenu par la réaction : $Cu_2S + 2 O_2 = 2 CuO + SO_2$
$Poids\ CuO = \frac{160}{160} \times 200 = 200\ kg$
- Fe_2O_3 est obtenu par la réaction : $2 FeS_2 + 11/2 O_2 = Fe_2O_3 + 4 SO_2$
$Poids\ Fe_2O_3 = \frac{160}{240} \times 400 = 266{,}6 kg$
$Poids\ du\ grillé\ =\ 300\ +\ 200\ +\ 266{,}6\ =\ 767\ Kg$

2° a) réaction de grillage
$Cu_2S + O_2 = 2CuO + SO_2$
$V(O_2) = 2 \times \frac{200}{160} \times 22{,}4 = 56\ Nm^3\ O_2$
$V(SO_2) = \frac{200}{160} \times 22{,}4 = 28\ Nm^3\ SO_2$

$2\ FeS_2\ +\ 11/2\ O_2\ =\ Fe_2O_3\ +\ 4\ SO_2$
$V(O_2) = \frac{11}{2} \times \frac{400}{240} \times 22{,}4\ =\ 205\ Nm^3 O_2$
$V(SO_2) = 4 \times \frac{400}{240} \times 22{,}4\ =\ 149\ Nm^3 O_2$

b) réactions de combustion mazout
Poids mazout = 0,05 . 1000 = 50 Kg dans lequel il y a
0,85 . 50 = 42,5 Kg de C et 0,15 . 50 = 7,5 Kg de H_2

$C\ +\ O_2\ =\ CO_2$
$V(O_2) = \frac{42{,}5}{12} \times 22{,}4 = 79{,}3\ Nm^3\ O_2$
$V(CO_2) = 79{,}3\ Nm^3\ O_2$

$H_2 + ½ O_2 = H_2O$
$V(O_2) = \frac{1}{2} \times \frac{7{,}5}{2} \times 22{,}4\ =\ 42\ Nm^3\ O_2$
$V(H_2O) = \frac{7{,}5}{2} \times 22{,}4\ =\ 84\ Nm^3\ O_2$

$V(O_2)\ tot\ =\ 56\ +\ 205\ +\ 79{,}3\ +\ 42\ =\ 382{,}3\ Nm^3$
$V\ air\ théorique\ nécessaire = \frac{382{,}3}{21} \times 100 = 1820\ Nm^3$
$V\ air\ avec\ 100\ \%\ excès\ =\ 1820 \times 2\ =\ 3640\ Nm^3\ d'air$
3°. Poids d'eau par m3 gaz
H_2O alimentée = 0,1 . 1000 = 100 Kg

H$_2$O de combustion = $\dfrac{7,5}{2} \cdot 18$ = 67,5 Kg

Poids total d'eau = 167,5 Kg = 167500 gr.

V gaz = V CO$_2$ + V N$_2$ + V O$_2$ + N H$_2$O + V SO$_2$

$= 79,3 + \dfrac{79}{100} \cdot 3640 + 382 + \dfrac{167,5}{18} \cdot 22,4 + 177 = 3722$ Nm^3

ce qui donne $\dfrac{167500}{3722}$ = 45 g d'eau / Nm^3 gaz

2.21 Calcul de la mise de coke

Calculer la mise de coke d'une opération de réduction carbothermique du minerai cobalto-nickelifère de SHINKO KASOLO.

Les compositions chimiques du minerai et du coke sont :

Minerai :

> *0,27 % Cu (s - f CuO) ; 0,89 % CO (s - f CO$_2$O$_3$) ; 0,16 % Ni (s - f NiO) ; 0,48 % S ; 6,48 % ; CaO ; 4,06 % Fe ; 13,62 MgO ; 50,19 % SiO$_2$*
>
> *Coke : 1,04 % S ; 0,91 % CaO ; 2,61 % Fe ; 0,47 % MgO ; 5,51 % SiO2 ; 3,72 % Al$_2$O$_3$; C fixe 80 %.*

Solution

Base de calcul : 1 Kg de Minerai

Les réactions de réduction des oxydes de Cu, Co et Ni par le carbone sont :

(1) CuO + C = Cu + CO

    64 g Cu nécessitent 12 g C

    2,70 g Cu nécessiteront $\dfrac{12}{64} \cdot 2,70 = 0,50$ g de C

(2) CO$_2$O$_3$ + 3 C = 2 Co + 3 CO

    117,8 g Co nécessitent 36 g C

    8,9 g Co nécessiteront 2,72 g de C

(3) NiO + C = Ni + CO

    58,69 g Ni nécessitent 12 g C.

    1,6 g Ni nécessiteront 0,323 g C

Le poids total de carbone à utiliser pour la réduction est de 3,54 g/ Kg de minerai
Pour un coke à 80 % C fixe, il faut 4,42 g de coke / Kg de minerai
Donc la mise au mille stœchiométrique de coke sera de 0,44 %.

2.22 Fusion carbothermique

Lors d'un essai au laboratoire de la fusion carbothermique d'un minerai, on enregistre après analyse des constituants, les résultats consignés au tableau ci-dessous :

Nature	Poids/Kg	% Cu	% Co	% Ni	% Fe	% Si	% FeO	% MgO	% SiO_2
Minerai	40,00	0,695	2,785	0,80	4,42	-	-	8,96	46,85
Alliage	4,60	5,960	24,010	6,39	31,76	5,27	-	-	-
Scorie	28,5	0,47	2,080	0,39	3,59	-	4,61	11,36	-

Quels sont les rendements de récupération Cu, Co, Fe et Ni dans l'alliage ainsi que les bilans Cu, Co, Fe et Ni

Solution

$Rendement\ de\ récupération\ i = \dfrac{Poids\ i\ dans\ l'alliage}{Poids\ i\ dans\ le\ minerai}$

$Rdt\ Cu = \dfrac{5,96 \times 4,6}{0,695 \times 40} \times 100 = 98,6\ \%$

$Rdt\ Co = \dfrac{24,01 \times 4,6}{2,785 \times 40} \times 100 = 99,1\ \%$

$Rdt\ Ni = \dfrac{6,39 \times 4,6}{0,8 \times 40} \times 100 = 91.85\ \%$

$Rdt\ Fe = \dfrac{31,76 \times 4,6}{4,42 \times 40} \times 100 = 82,6\ \%$

$Bilan\ i = \dfrac{Poids\ i\ alliage + Poids\ i\ scorie}{Poids\ i\ minerai} \times 100$

$Bilan\ Cu = \dfrac{5,96 \times 4,6 + 0,47 \times 28,5}{0,695 \times 40} \times 100 = 146,8\%$

$Bilan\ Co = \dfrac{24,01 \times 4,6 + 2,08 \times 28,5}{2,785 \times 40} \times 100 = 152,35\%$

$Bilan\ Ni = \dfrac{6,39 \times 4,6 + 0,39 \times 28,5}{0,8 \times 40} \times 100 = 126,5\%$

$Bilan\ Fe = \dfrac{31,76 \times 4,6 + 3,59 \times 28,5}{4,42 \times 40} \times 100 = 140,5\%$

2.23 Réduction carbothermique

Le minerai Cupro - cobaltifère de Tilwezembe dont la composition est : 2,92 % Cu ; 1,70 % Co ; 3,27 FeO, 1,07 % CaO ; 5,64 % MgO ; 54,95 % SiO2 ; 0,17 MnO ; est utilisé pour l'élaboration d'un alliage Cu-Co-Fe par réduction carbothermique dans un four électrique à arc indirect à 1500 K. Le réducteur utilisé est le coke de composition suivante :

C fixe 80 % ; SiO$_2$: 5,51 % ; CaO 0,91 % ; MgO 0,47 % ; FeO 2,61 % ; Al$_2$O$_3$ 3,72 % ; S 1,07 %

Le fondant est la chaux de composition :

73,4 % CaO Tot ; 62,25 % CaO disp . 5 % SiO$_2$; 4,92 % MgO 13,51 % PF.

Faire une charge de 100 Kg pour obtenir une scorie dont l'indice d'acidité $\dfrac{SiO_2}{CaO+MgO} = 1,1$

Solution

Les principales réactions de réduction susceptible de se réaliser à 1500 K sont :

$Cu_2O + C = 2\,Cu + CO$	(1)	$\Delta G = -44{,}009$ Kcal / mole
$CoO + C = Co + CO$	(2)	$\Delta G = -27{,}427$ Kcal / mole
$FeO + C = Fe + CO$	(3)	$\Delta G = -16{,}425$ Kcal / mole
$MnO + C = Mn + CO$	(4)	$\Delta G = +7{,}310$ Kcal / mole

Nous remarquons qu'à 1500 K, l'énergie libre de réduction de l'oxyde de Manganèse est positive. Ceci implique que sa réduction est thermodynamiquement impossible.

Le manganèse restera dans la scorie. On peut aussi remarquer que pour les trois autres oxydes, leur facilité de réduction par le carbone croît dans l'ordre Fe, Co et Cu

- Calcul de mise de coke

Nous prenons comme base de calcul 100 Kg de minerai.

Pour le calcul de mise de réducteur, nous allons considérer les réactions (1), (2) et (3) relatives à la réduction des oxydes de Cu, de Co et de Fe. En ce qui concerne la réaction (4), relative à la réduction de l'oxyde de manganèse, elle n'est pas thermodynamiquement possible. De ce fait, nous n'allons pas la considérer.

Réaction (1).
$Cu_2O + C = 2\,Cu + CO$
2 . 63,54 Kg de Cu nécessitent 12 Kg de C
2,92 Kg de Cu nécessiteront 0,276 Kg de C

Réaction (2)
$CoO + C = Co + CO$
58,933 Kg de CO nécessitent 12 Kg de C
1,70 Kg de Co nécessiteront = 0,346 Kg de C

Réaction (3)
$FeO + C = Fe + CO$

55,847 Kg de Fe nécessitent = 12 Kg de C
2,54 de Fe = nécessiteront 0,546 Kg de C.

Le besoin total en carbone est évalué à :
0,276 + 0,346 + 0,546 = 1,168 Kg
La teneur en carbone fixe étant de 80%, il faudra
$\dfrac{1,168}{80} \cdot 100 = 1,46$ Kg de coke

D'où la mise stœchiométrique de coke est d'environ 1,50 Kg

- Mise stœchiométrique de fondant :

Nous savons que la chaux provient du minerai, du coke et du fondant.
Si A est le poids du minerai avec
     X teneur en SiO_2
     Y teneur en CaO
     Z teneur en MgO

B poids du réducteur avec :
X' teneur en SiO_2
Y' teneur en CaO
Z' teneur en MgO

C poids du fondant avec :
X'' teneur en SiO_2
Y'' teneur en CaO
Z'' teneur en MgO

En portant ces grandeurs dans la relation d'indice d'acidité, nous aurons :
$$\dfrac{XA + X'B + X''C}{YA + ZA + Y'B + Z'B + Y''C + Z''C} = 1,1$$

D'où $C = \dfrac{A[X - 1,1(Y+Z)] + [X' - 1,1(Y'+Z')]}{1,1 \cdot (Y''+Z'') - X''}$

Connaissant A = 100 Kg et B = 1,50 Kg

$$C = \frac{100.\,[54,95 - 1,1.\,(1,07 + 5,64)] + 1,5.\,[5,51 - 1,1.\,(0,91 + 0,47)]}{1,1.\,(62,25 + 4,92) - 5}$$

$$= \frac{4757 + 5,988}{68,887}$$

C = 69,142 Kg = 70 Kg de fondant

$\Rightarrow$ Poids charge = 100 + 1,50 + 70 = 171,50 Kg

% Minerai = $\frac{100}{171,50} \times 100 = 58,31\%$

% Coke = $\frac{1,5}{171,50} \times 100 = 0,87\%$

% Fondant = $\frac{70}{171,50} \times 100 = 40,82\%$

La charge de 100 Kg sera constituée de :
58,31 Kg de Minerai, 0,87 Kg de coke et 40,82 Kg de fondant.

2.23. Calcul au four électrique

La fonderie électrique de Lubumbashi de la Gécaminnes traite les concentrés sulfurés venant du concentrateur de Kipushi ainsi que les Mélanges Déchets Boues (MDB) des usines pour produire une matte. Avant la fusion, les concentrés, les MDB et le fondant sont mélangés et passent par un grillage agglomérant où on élimine 61 % de soufre dans le but de produire une matte plus riche.

Le tableau ci-dessous donne l'alimentation du grillage en t/h

Alimentation	t/h	Hum(%)	S	Cu	CaO	SiO_2	FeO	MgO	Al_2O_3
Concentré	15	12.33	2.85	2.66	0.23	0.72	2.46	0.30	0.13
MDB	30	8.73	2.19	5.82	1.45	4.33	2.12	0.69	0.73
Calcaire	3	1	0.019	0	1.40	0.10	0.07	0.10	0.02

L'alimentation du four électrique de fusion pour matte se fait par wagonnet de 2.5 T et la capacité du four est de 29 wagonnets par jour. Pour équilibrer la charge, on ajoute la scorie du convertisseur, les poussières BF ainsi que le minerai de fer dont les compositions en tonne par wagonnet sont données dans le tableau ci-dessous :

	Poids	Hum	S	Cu	CaO	SiO$_2$	FeO	MgO	Al$_2$O$_3$	ZnO
Scorie convertisseur	0.5	-	0.01	0.09	0.01	0.07	0.115	0.01	0	0.01
PoussièresBF	0.3	5	0.02	0.10	0.01	0.03	0.03	0.01	0	0.01
Minerai de fer	0.1	5	0.0002	0	0.0004	0.0029	0.0698	0.0005	0.0009	0

Après la fusion pour matte, on obtient une matte ainsi qu'une scorie contenant 0.7% Cu ; 20% SiO$_2$; 9%CaO et 21%FeO. Notez que 65% de soufre sont passés dans les fumées.

1) Calculer la charge journalière du four ainsi que sa composition moyenne pondérale
2) Quelle est la production journalière de la fonderie ainsi que sa qualité

Solution

1) La charge journalière du four est de 29 x2,5 =72,5 T
Nous supposons que tous les wagonnets ont une même composition
Poids aggloméré / wagonnet = 2,5 - 0,5 – 0,3 – 0,1 = 1,6 T

- Composition aggloméré

Poids S dans l'aggloméré = 0,39 x Poids S total
Poids S total = S conc + S MDB + S calcaire = 2,85 + 2,19 + 0,02 = 5,06 t/h
Poids S dans aggloméré = 0,39 . 5,06 = 1,97 t/h
Poids S éliminé = 5,06 – 1,97 = 3,09 t/h
Poids aggloméré = $\sum$ (Poids composants - humidité) - Poids S éliminé
            = (13,15 + 27,38+ 2,97) – 3.09 = 40.41 t/h
Comme au grillage on élimine que le S et l'humidité, les autres éléments gardent leurs poids
Poids Cu aggloméré = 2,66 + 5,82 = 8,48 t/h $\Rightarrow$ % Cu = 20,98
Poids CaO aggloméré = 0,23 + 1,45 + 1,40 = 3,08 t/h $\Rightarrow$ % CaO = 7,62
Poids SiO$_2$ aggloméré = 0,72 + 4,33 + 0,10 = 5,15 t/h $\Rightarrow$ % SiO$_2$ = 12,74
Poids FeO aggloméré = 2,46 + 2,12 + 0,07 = 4,65 t/h $\Rightarrow$ % FeO = 11,5
Poids MgO aggloméré = 0,30 + 0,69 + 0,10 = 1,09 t/h $\Rightarrow$ % MgO = 2,69
Poids Al$_2$O$_3$ aggloméré = 0,13 + 0,73 + 0,02 = 0,88 t/h $\Rightarrow$ % Al$_2$O$_3$ = 2,17
Poids ZnO aggloméré = 1,79 + 2,18 + 0 = 3,97 t/h $\Rightarrow$ % ZnO = 9,82

% S aggloméré = 4.87

- Charge wagonnet = 2.5 T

Apport de l'aggloméré / wagonnet : 0,33t Cu ; 0,122t CaO ; 0,203t SiO_2 ; 0,184t FeO ; 0,043t MgO ; 0,157t ZnO ; 0,078t S ; 0,0347t Al_2O_3

Poids Cu /wagonnet = 0,335 + 0,09 + 0,10 = 0,525 t
Poids S /wagonnet = 0,078 +0,01 +0,02 + 0,0002 = 0,108 t
Poids CaO /wagonnet = 0,122 + 0,01 + 0,01 + 0,0004 = 0,1424 t
Poids FeO /wagonnet = 0,184 + 0,115 + 0,03 + 0,0698 = 0,3988 t
Poids MgO /wagonnet = 0,043 + 0,01 + 0,01 + 0,0005 = 0,0635 t
Poids Al_2O_3 /wagonnet = 0,0347 + 0,0009 = 0,0356 t
Poids ZnO /wagonnet = 0,157 + 0,01 + 0,01 = 0,177 t

Alors la composition pondérale de la charge est :
21% Cu ; 4,32% S ; 5,696% CaO ; 12,23 ; 6% SiO_2 ; 15,952% FeO ; 2,54% MgO ; 1,424% Al_2O_3 ; 7,08% ZnO

2) Poids journalier SiO_2 charge = 72,5 x 12,236 % = 8,87 t
Le SiO_2 se retrouve en entièreté dans la scorie et représentent 20% de celle - ci :
Poids scorie $= \frac{887}{20} \times 100 = 44,35 t$
Poids Cu scorie = 0,31 t
Poids Cu matte = 15,225 - 0,31 = 14,915 t
Poids Cu_2S correspondant = 18,64 t
Poids S charge = 3,132 t
Poids S matte = 3,132 .35% = 1.096 t
Donc il n'y a pas assez de soufre pour mettre tout le cuivre sous-forme de Cu_2S. Alors il y aura formation de cuivre métallique.

Poids matte = 14.915 + 1.096 = 16 t
Teneur Cu matte = 93.21%

2.24 Calcul au four électrique

La fonderie électrique de Lubumbashi de la Gécamines produit une matte par fusion dans un four électrique triphasée de 3 MVA à partir des matériaux suivants :

	% S	% Cu	% CaO	% SiO$_2$	% FeO	% MgO	% Al$_2$O$_3$	% ZnO
Scorie convertisseur	2	18	2	13	23	1	0	2
Poussières	6.5	34	3	10	9	4	0	2
calcaire	0.64	0	47.13	3.31	2.57	3.23	0.6	0

La production journalière de matte est de 24 tonnes à 72,74 % Cu. La scorie contient 22 % SiO2, 9% CaO, 23% FeO et 1.04 % Cu.

Retrouvez leur calcul de charge par wagonnet de 2,5 tonnes si on charge 29 wagonnets par jour

Solution

Soit : X le poids de la scorie convertisseur par jour en tonnes

Y le poids de la poussière par jour en tonnes

Z le poids de calcaire par jour en tonnes

$X + Y + Z = 2,5 \times 29 = 72,5$ (1)

Poids SiO$_2$ charge = $0,13X + 0,1Y + 0,0331Z$

Poids CaO charge = $0,02X + 0,03Y + 0,4713Z$

Poids FeO charge = $0,23X + 0,09Y + 0,0257Z$

Tous les SiO$_2$ et CaO passent dans la scorie donc ils gardent leur poids dans cette dernière.

$$\frac{0,13X+0,1Y+0,033Z}{0,02X+0,03Y+0,4713Z} = \frac{22}{9}$$

$0.73 X + 0.24Y - 10.07 Z = 0$ (2)

D'autre part Cu scorie = Cu charge - Cu matte

$$\left(\frac{0,13X+0,1Y+0,0033Z}{22} \times 100\right) \times \frac{1,04}{100} = (0,18X + 0,34Y° - 17,4576$$

$3,8248.X + 7,376Y - 0,03432Z = 384,0672$ (3)

En résolvant les équations (1), (2) et (3) nous trouvons

X = 35,3948 T

Y = 33,7352 T

Z = 3,37 T

Alors par wagonnet nous aurons

0,1162 T de calcaire

1,1632 T de poussière

1,2205 T de la scorie convertisseur

2.25 Calcul de charge au four electrique

Les usines pyrométallurgiques de MCK (Mining Company Katanga) de Lubumbashi traitent les concentres oxydés de cuivre provenant d'une carrière de Luisha pour produire du cuivre noir à 95% Cu et 3% Fe sous forme de lingots de 800kg dans quatre fours électriques à arc d'une puissance utile de 1500 KVA chacun.
Pour traiter ce concentré de cuivre, ils ajoutent dans le four comme fondant la castine et le minerai de fer et come le réducteur le charbon minéral. Le rendement de récupération Cu étant de 90%. L'analyse chimique des matériaux est donnée dans le tableau suivant :

	% Cu	% Fe	% SiO_2	% MgO	% Al_2O_3	% CaO	% C
Concentre Cu	35	1,9	22	3,5	3	1,5	
Castine			2,6	3,08		51,5	
Minerai de fer		50	5	3,5	3		
Charbon Minéral							57

a. Proposer un calcul de charge pour la production d'une scorie de composition $FeO/Si_2/CaO/ \equiv 35/45/20$
b. Quelle est la production annuelle (en nombre de lingot et T) de cette installation si la vitesse de fusion moyenne est de 3T/h/four et que la MAD du four est de 96%.

Solution
1) Bilan SiO_2 : Poids SiO_2 (concentre) + Poids SiO_2 (castine) + Poids SiO_2 (minerai Fe) = Poids SiO_2 (scorie) (nous supposons que tout le Si va dans la scorie)
Bilan CaO: Poids CaO (Castine) + Poids CaO (concentré) = Poids CaO (Scorie)
Bilan Fe: Poids Fe (Minerai Fe) + Poids Fe (Concentré) = Poids Fe (Scorie) + Poids Fe (Métal)
Prenons comme base de calcul 100kg de concentre et soit X poids castine et Y poids minerai de fer correspondant.
Poids $SiO_{2(Score)}$ = 0,22.100 + 0,026X + 0,05Y = 22 + 0,026X + 0,05Y
Poids $CaO_{(Scorie)}$ = 0,015.100 + 0,514X = 1,5 + 0,514X

Poids Fe$_{(Scorie)}$ = 0,019.100 + 0,5Y – Poids Fe$_{(Métal)}$
100Kg de concentre produit 0,35.100.0,9 = 31,5Kg de Cu contenue dans le cuivre noir
Or dans le cuivre noir il y a 95% de Cu qui se fait accompagner de 3% de Fe.
Donc 31,5Kg présent 95%
Poids Fe dans le cuivre noir provenant de 100 Kg de concentre est :
$\frac{31,5}{95} \cdot 3 = 0,99 Kg$
Poids Fe$_{(Scorie)}$ = 0,019.100 + 0,5Y − 0,99
$\qquad = 1,9 - 0,99 + 0,5Y$
$\qquad = 0,91 + 0,5Y$
Poids FeO$_{(Scorie)}$ = $\frac{72}{56}(0,91 + 0,5Y) = 1,17 + 0,64Y$

Selon la composition de la scorie $\frac{\text{Poids SiO2(Scorie)}}{\text{Poids CaO(Scorie)}} = \frac{45}{20}$ (1) et

$$\frac{\text{Poids SiO2(Scorie)}}{\text{Poids FeO(Scorie)}} = \frac{45}{3} \text{ (2)}$$

(1) ⇒ $20(22 + 0,026X + 0,05Y) = 45(1,5 + 0,514X)$

$\qquad 440 + 0,52X + Y = 67,5 + 23,13X$

$\qquad\qquad Y = 22,61X - 372,5$ (1')

(2) ⇒ $35(22 + 0,026X + 0,05Y) = 45(1,17 + 0,64Y)$

$\qquad 770 + 0,91X + 1,75Y = 52,65 + 28,8Y$

$\qquad 770 + 0,91X - 52,65 = 28,8Y - 1,75Y$

$\qquad 717,35 + 0,91X = 27,05Y$

$\qquad\qquad Y = 0,034X + 26,52$ (2')

⇒ $22,61X - 372,5 = 0,034X + 26,52$

$(22.61 - 0,034)X = 26,52 + 372,5$

$\qquad 22,576X = 399,02$

$\qquad\qquad X = 17,67$ Kg

$\qquad\qquad Y = 27,12$ Kg

2) La charge qui fond dans le four est composée du concentré, du minerai de fer et de la castine.
Un four fond 3T de charge/h
Nombre d'heure de marche/an = 365.24.0,96 = 8409,6h

1 four fond par an : 3 . 8409, 6 = 25228,8 T de charge
Pour quatre fours = 100915,2 T/an

Pour 100Kg de concentre, on ajoute 17,67Kg de castine et 27,12 Kg de minerai de fer.

% concentré dans la charge = $\frac{100}{(100+27,12+17,67)}$

$= \frac{100}{144,79} = 69,06$

% castine = $\frac{17,67}{144,79} = 12,20$

% minerai Fe = $\frac{27,12}{144,79} = 18,73$

Poids concentré alimenté = 100915,2T x 0,6906 = 69692,04 T

Poids Cu contenu dans le concentré = 69692,04T x 0,35 = 24392,21 T

Poids Cu contenu dans le cuivre noir = 224392,21T x 0,9 = 21952,99 T

Poids Cu noir = $\frac{21952,99}{0,95} = 23108,41$ T/ an

Nombre lingots = $\frac{23108,41 \times 1000}{800} = 28885,51$ lingots /an

2.26   Le choix d'une scorie

L'usine pyrométallurgique de Travir Industries à Kolwezi traite les concentrés oxydés de cuivre pour produire le cuivre noir. En plus du concentre de cuivre, l'usine réceptionne aussi la castine et le minerai de fer comme fondant.
Le minerai de cuivre est acheté à 60% LME du cuivre contenu et contient 27% Cu (sous forme de malachite), 35% SiO_2 et 8% de Fe_2O_3.
Le minerai de fer provient de Kambove au prix rendu usine de 52$/t et est composé de 92% de Fe_2O_3 et 4% SiO_2.
La castine provient de Kakontwe au prix rendu usine de 60$/t et contient 95% de $CaCO_3$ et 3% de SiO_2.
Quelle est la meilleure option entre la production d'une scorie tertiaire $SiO_2/CaO/FeO$ ou une scorie binaire SiO_2/CaO dans ces conditions.

Solution

Le choix d'une scorie doit être dicté par des considérations techniques et économiques.

a. Considérations techniques.

La composition de la scorie doit être choisie de manière à ce que la scorie remplisse notamment les conditions suivantes :
- Avoir un point de fusion aussi bas que possible
- Etre immiscible avec la phase métallique
- Etre suffisamment fluide
- Teneur la moins élevée possible en métal
- Faible corrosion des réfractaires
- Rôle d'épurateur
- Indice de basicité adéquat
- Production dans des conditions économiquement rentables
- …..

L'observation du diagramme de phase du système FeO-SiO_2-CaO nous renseigne que la température de fusion basse est entre 1150° à 1250°C pour une composition proche de 35% FeO, 45% SiO_2 et 20% CaO.

Et l'observation du diagramme de phase du système SiO_2-CaO nous renseigne que la température de fusion basse est entre 1450° à 1500°C pour une composition proche de 45% CaO et 55% SiO_2.

Les réactions de réduction susceptibles de se réaliser sont :
$$Cu_2O + C = 2Cu + CO \quad (1)$$
$$FeO + C = Fe + CO \quad (2)$$

Dans les conditions de travail de réduction au four électrique (atmosphère réductrice, pression d'oxygène faible) :

La réaction (1) commence vers 800°C et la réaction (2) vers 1450°C.

Comme la température de fusion Scorie est la température de travail de four alors :

Si nous optons pour la scorie FeO-SiO_2-CaO, il n'y a que la réaction (1) qui se déroulera et si nous optons pour la scorie SiO_2-CaO, les deux réactions se dérouleront et il y aura coréduction du Fe et du Cu.

Qualité du cuivre noir.

Dans le cas de la scorie tertiaire, seul le cuivre se réduit accompagné de quelques autres éléments et nous pouvons avoir un métal d'au moins 97% Cu. Le Fe provenant du minerai de Cu et de fer se trouvent dans la scorie. Dans le cas de la scorie binaire, il y a coréduction du cuivre et du Fer

Dans 100Kg de minerai il y a :
- 27% Cu soit 27Kg de Cu
- 8% FeO soit 8Kg de FeO $\Rightarrow$ 6,22Kg de Fe

Poids Cu dans cuivre noir : 29 x 0,9 = 24,3Kg
Poids maximum Fe dans cuivre noir : 6,2Kg

Poids maximum cuivre noir : 30,52Kg

Teneur minimum Cu dans le cuivre noir : $\frac{24,3}{30,52} + 100 = 80\%$

b. Considérations économiques.

Base de calcul 100T de minerai

I. Production scorie binaire

Soit X le poids de la castine pour produire une scorie de composition 45% CaO et 55% SiO_2

Poids CaO scorie = Poids CaO castine

$$= 0,95.X.\frac{56}{100} = 0,56X$$

Poids SiO_2 scorie = Poids SiO_2 minerai + Poids SiO_2 castine

$$= 0,35 \cdot 100 + 0,03X = 35 + 0,03X$$

$$\frac{Poids\ CaO\ scorie}{Poids\ SiO2\ scorie} = \frac{45}{55}$$

$$55 \cdot 0,53X = 45(35 + 0,03X)$$

$$29,15X = 1575 + 1,35X$$

$$(29,15 - 1,35)X = 1575$$

$$X = \frac{1575}{27,8} = 56,65T$$

II. Production scorie tertiaire

Soit X le poids de la castine et Y le poids du minerai de fer.

Poids SiO_2 scorie = Poids SiO_2 minerai + Poids SiO_2 castine + SiO_2 (minerai Fe)

$$= 35 + 0,03X + 0,04Y$$

Poids CaO scorie = $0,95Y.\frac{56}{100} = 0,56X$

$\frac{Poids\ CaO\ scorie}{Poids\ SiO2\ scorie} = \frac{20}{45}$ (1) $\frac{Poids\ FeO\ scorie}{Poids\ SiO2\ scorie} = \frac{35}{45}$ (2)

Poids Fe $_{scorie}$ = Poids Fe minerai + Poids Fe $_{(minerai\ Fe)}$

$$= 0,08 \cdot \frac{112}{160} + 0,92Y \cdot \frac{112}{160} = 0,056 + 0,644Y$$

Poids FeO $_{scorie}$ = $\frac{72}{56}(0,056 + 0,644Y) = 0,072 + 0,828Y$

$(1) \Rightarrow 45 \cdot 0,53X = 20(35 + 0,03X + 0,04)$

$$23{,}85X = 700 + 0{,}6X + 0{,}8Y$$
$$23{,}05X - 0{,}8Y - 700 = 0 \ (1')$$
$$Y = \frac{23{,}05X - 700}{0{,}8} = 28{,}81X - 875 \ (1')$$
$$(2) \Rightarrow 45.\,(0{,}072 + 0{,}828Y) = 35(35 + 0{,}03X + 0{,}04Y)$$
$$3{,}24 + 37{,}26Y = 1225 + 1{,}05X + 1{,}4Y$$
$$35{,}86Y = 1{,}05X + 1221{,}76$$
$$Y = 0{,}03X + 34 \ (2')$$
$$28{,}81X - 875 = 0{,}03X + 34$$
$$(28{,}81 - 0{,}03)X = 875 + 34$$
$$28{,}75X = 909$$
$$X = 31{,}617T$$
$$Y = 35T$$

Dans l'option de la scorie tertiaire, pour traiter 100T, il faut 31,6T de castine et 35T de minerai de fer.
Cout fondant = 31,6. 60 + 35x52 = 3716$
Dans l'option de la scorie binaire pour traiter 100T, il faut 56,65T de castine
Cout fondant = 56,65. 60 = 3390$

c. Discussion

A la lumière de ce qui précède, l'option scorie binaire est économique (car utilisant moins de fondant) mais produit un cuivre noir très pauvre qu'on peut même appeler alliage rouge. Tandis que l'option scorie tertiaire produit un cuivre noir très riches mais son opérations est couteuse.
Le choix de l'option dépendra de ce que vous privilégiez entre le cout et la qualité du cuivre noir.
Néanmoins, il serait intéressant de recourir à la scorie binaire si le taux de fer dans le minerai est faible afin qu'il ne puisse pas beaucoup polluer le cuivre noir mais au cas contraire il faut recourir à la scorie tertiaire pour empêcher la réduction du fer.

Partie III : HYDROMETALLURGIE

1. Introduction
1.1 Généralités

L'hydrométallurgie a trait à des procédés qui font appel à des solutions aqueuses et qui se déroulent par conséquent à des températures relativement basses. Elle convient particulièrement pour des minerais pauvres.

1.1.1 Avantages de l'hydrométallurgie

- Le métal peut être obtenu très pur à partir de la solution par réduction sous-pression d'hydrogène, par cémentation ou par électrolyse.
- Une gangue siliceuse n'est pas attaquée par les acides, alors qu'en pyrométallurgie, cette gangue est scorifiée.
- Les problèmes de corrosion des équipements sont comparativement restreints si l'on considère l'usure des revêtements réfractaires du four qu'il faut remplacer périodiquement avec l'arrêt des installations.
- Les manipulations des produits résultants de la mise en solution sont moins chères et plus faciles que les manipulations des mattes, scories ou métaux en fusion. Elles permettent une automatisation assez poussée.

1.1.2 Désavantages de l'hydrométallurgie

- les métaux précieux éventuellement présents dans le minerai restent avec la gangue et sont perdus.

Comparaison pyrométallurgie – hydrométallurgie.

Pyrométallurgie	Hydrométallurgie
Grands besoins énergétiques	Faibles besoins énergétiques
Emission de gaz toxiques	Pas d'émission de gaz toxiques
	Rejets liquides toxiques
Rendements faibles	Rendements élevés
Alimentation spécifique	Alimentation plus large
Côuts opératoires élevés	Côuts opératoires moins élevés

1.1.3 Opérations unitaires en hydrométallurgie

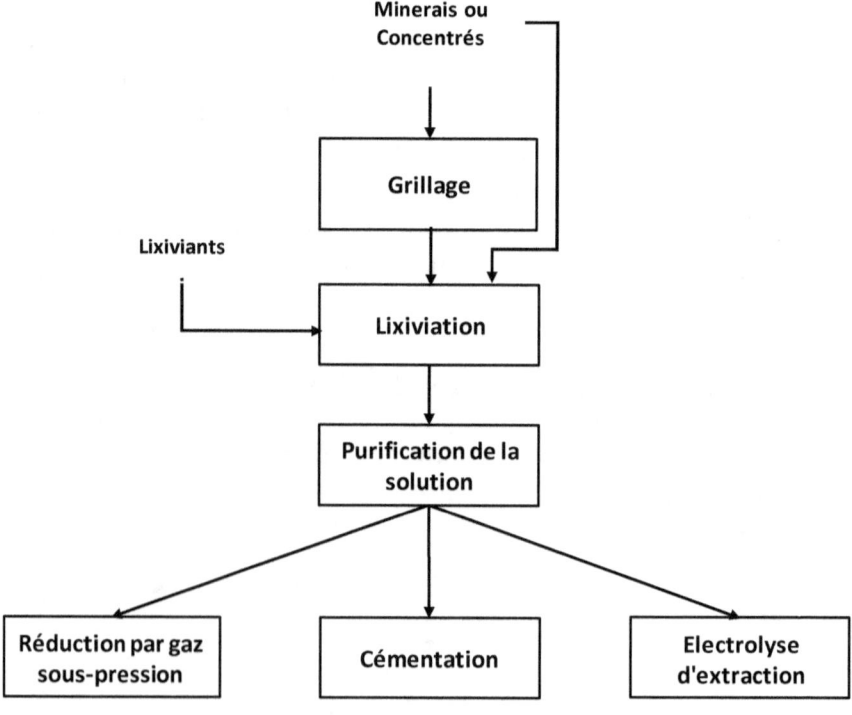

Figure 1 – Opérations unitaires.

1.2 La lixiviation
1.2.1 Introduction

Dans les opérations de l'hydrométallurgie, la lixiviation joue un rôle important si pas principal dans le processus de récupération des métaux. Nous définissons la lixiviation comme une opération de mise en solution mettant en contact une phase liquide (réactifs) et une phase solide (concentré ou minerai).Il faut par ailleurs noter que la dissolution doit être sélective, c'est à dire que le métal ou le composé à dissoudre doit l'être très complètement tandis que la gangue doit rester peu attaquée, à la fois pour économiser le réactif et pour éviter une contamination de la solution suite à la codissolution des impuretés contenues.

Donc la connaissance de la vitesse et de la thermodynamique de la décomposition des minéraux est un grand outil pour l'hydrométallurgiste, elle permet de définir la meilleure méthode de séparation électrochimique et d'expliquer tous les phénomènes qui se déroulent pendant la lixiviation (présence éventuelle de certains minéraux dans les rejets de lixiviation, possibilité d'amélioration des conditions de leur dissolution ...).

1.2.1.1 Thermodynamique des réactions chimiques de lixiviation

Diagramme tension - pH

La stabilité (ou l'instabilité) des minéraux en contact avec des solutions aqueuses de composition sélectionnée peut être résumée sommairement dans un diagramme tension -pH appelé diagramme de Pourbaix, E -pH. (Ces diagrammes ne concernent pas des ions complexants). Ce diagramme est un outil qui permet de déterminer sous quelle forme se présente un élément pour un pH et potentiel (E) donné ou dans un domaine de stabilité défini pour des valeurs données de pH et potentiel. Il indique aussi, en solution aqueuse, tout nouveau solide ou phase gazeuse qui pourrait se former durant les décompositions d'une forme stable définie dans un domaine déterminé de E-pH en variant ces mêmes paramètres à savoir E et pH . (Exemples de diagramme Tension - pH voir **Figure 2** et **Figure 3**).

Le rôle essentiel de ce diagramme en lixiviation est d'indiquer les conditions de tension et de pH dans lesquelles des réactions d'oxydation et de réduction des minéraux sont possibles ou pas en solutions aqueuses. Néanmoins, ce diagramme bien que spécifiant les conditions de tension et de pH pour des réactions d'oxydation ou de réduction des minéraux, ne permet pas cependant de préjuger de la cinétique de ces réactions.

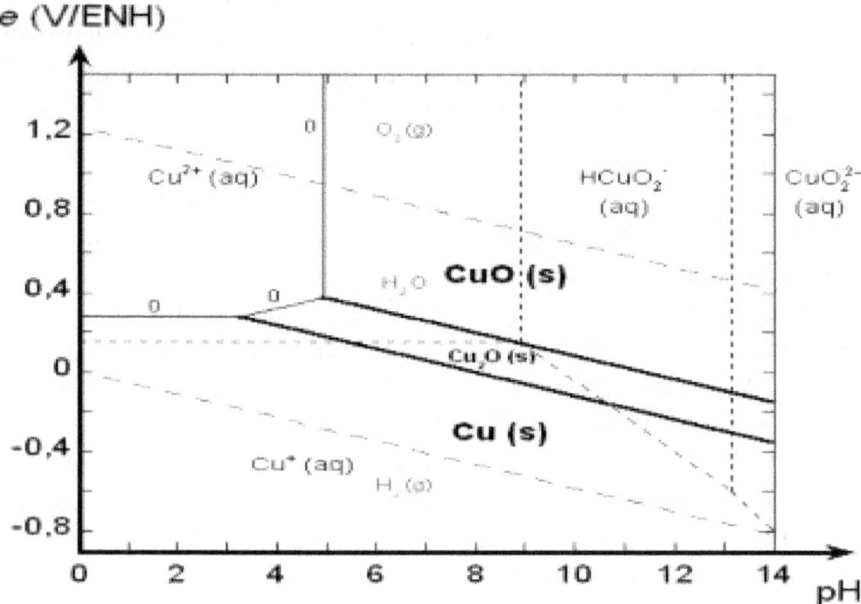

Figure 2 - Diagramme E- pH du cuivre et de ses oxydes.

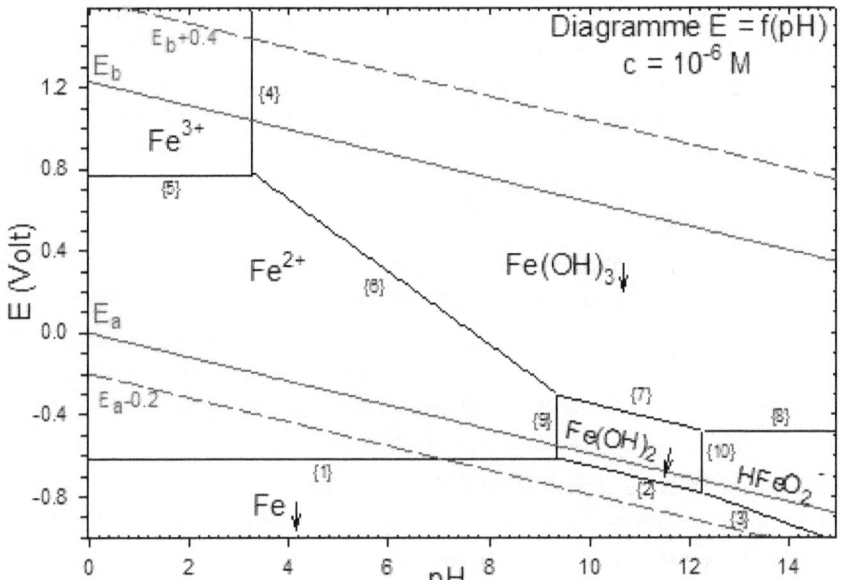

Figure 3 - *diagramme E-pH du fer et de ses oxydes.*

1.2.1.2 Cinétique chimique de la lixiviation

La vitesse de dissolution dépend du type de lixiviant et des conditions de contact. En effet, la lixiviation met en contact deux phases : une phase liquide (réactif) et une phase solide (concentré ou minerai). La réaction de lixiviation s'effectue à l'interface réactionnel des deux phases : il y a un transfert de matière de la phase solide vers la phase liquide. La vitesse de réaction chimique de cette lixiviation peut être limitée par :

- la vitesse de transfert de masse,
- un recouvrement à la surface du grain solide d'une couche passivante produite par la réaction,
- une couche de diffusion liquide entourant le grain et où la teneur en réactif est inférieure à celle de la solution,
- un épuisement de réactif.

D'où les facteurs qui influencent la cinétique de lixiviation sont : la concentration en acide, la température, la surface de contact, l'agitation ...

1.2.2 Types des lixiviations par le chimisme

- la lixiviation sulfurique en présence de fer et d'oxygène ou la lixiviation acide oxydante.
- la lixiviation ammoniacale.
- lixiviation par le cyanure de potassium.
- lixiviation par les chlorures.
- lixiviation par voie bactérienne.
- lixiviation par les amines.
- lixiviation par l'acide nitrique.

1.2.3 Techniques de la lixiviation

- lixiviation en place (in situ).
- lixiviation en tas (heap et dump leaching).
- lixiviation en tank (par percolation et par agitation).
- lixiviation sous-pression (en autoclave).

1.2.4 Critères d'évaluation d'une opération de lixiviation

Soient :

P : poids du solide (g)

T : teneur de l'élément dans le solide (%)

C : concentration de l'élément dans la solution (g/l)

R : rendement de récupération (%)

CAT : consommation d'acide totale (kg/t)

G : global

A : acide

V : volume (l)

r : résidus

c : concentré

l : lixiviation

f : filtrat

s : solution lixiviante

a : alimentation

reg : régulation
h : hydrométallurgie

1.2.4.1 Bilan (B)

$$B(\%) = \frac{\left[(V_f \times C_f) + \frac{(P_r \times T_r)}{100} - (C_s \times V_s)\right] \times 100}{(P_c \times T_c)} \times 100$$

Pour certaines entreprises comme la GCM par exemple, on ne retient les résultats que s'ils sont :
- entre 98 % et 102 % pour le cuivre.
- entre 90 % et 110 % pour le cobalt.
- entre 92 % et 108 % pour le fer.

1.2.4.2 La solubilisation (S)

C'est le poids de métal solubilisé exprimé en Kg par tonne de solides lixiviés.

$$S(kg/ts) = \frac{\left[\frac{(P_c \times T_c)}{100} - \frac{(P_r \times T_r)}{100}\right] \times 1000}{P_c}$$

1.2.4.3 Rendement de solubilisation (ou de lixiviation) (R_l)

C'est le rapport exprimé en %, entre le poids de l'élément solubilisé et le poids du même élément contenu dans le concentré de départ.

$$R_l(\%) = \frac{(P_c \times T_c) - (P_r \times T_r)}{(P_c \times T_c)} \times 100$$

1.2.4.4 Consommation d'acide totale (CAT)

C'est la quantité d'acide consommée au cours de la lixiviation et exprimé en Kg/tonne de solides lixiviés.

$$CAT = \frac{(CA_s \times V_s) - (CA_f \times V_f) + (CA_{reg} \times V_{reg})}{P_c} \times 1000$$

La consommation d'acide totale (CAT) peut être calculée aussi avec beaucoup de précision à partir des solubilisations des divers éléments passant en solution en tenant compte de leurs équivalences acide. On a alors :

$$CAT = S_{Cu} \times 1{,}54 + S_{Co} \times 1{,}66 + S_{MgO} \times 2{,}43 + S_{Fe} \times 1{,}76 + S_{Zn} \times 1{,}50 + S_{Ni} \times 1{,}66 + \cdots$$

1.2.4.5 Consommation d'acide par la gangue (CAG)

C'est la quantité d'acide consommée pour la solubilisation des éléments autres que les métaux à valoriser.

$$CAG\ (kg/ts) = CAT - S_x \times 1{,}54 + S_y \times 1{,}66 + \cdots$$

1.2.4.6 Poids de la gangue (Pr)

$$Pr\ (kg/ts) = \frac{1000 \times Pr(g)}{Pc(g)}$$

1.3 Séparation solides-liquide

Il importe de récupérer avec le minimum de perte le métal qui a été mis en solution au cours de la lixiviation. Dans le cas de la lixiviation par percolation, il s'agit seulement de laver méthodiquement la charge par des eaux de lavage de plus en plus diluées et finalement par de l'eau claire. Le tas reste en place et le déchargement se fait par des engins classiques.

Dans le cas de la lixiviation avec agitation, on se trouve en présence de pulpes (boues) contenant la gangue stérile (qui est à rejeter) accompagnée d'une solution plus ou moins riche en métaux valorisables. La séparation de ces produits s'effectue en plusieurs stades qui comprennent des décanteurs suivis généralement de filtres

Il existe plusieurs types de filtres que nous rappelons seulement : filtre à tambour, filtre à disques, filtre horizontal à bande ou à pan et filtre à pression etc.

1.4 Purification des solutions

Les conditions électrochimiques d'extraction des métaux ou de leurs composés purs à partir de la solution de lixiviation imposent souvent l'élimination d'une partie des éléments contenus dans la solution. La pureté est poussée suivant la nature du métal à extraire et des impuretés présentes, le type de procédé employé par l'extraction et la pureté désirée pour le produit à élaborer. Il apparaît donc cas par cas des teneurs limites qui nécessites de ne pas dépasser.

Quelques procédés de purifications :
- précipitation par addition d'un réactif.
- extraction liquide –liquide (ou extraction par solvant – SX).
- purification par une saignée.
- échange d'ions.

1.5 Récupération du métal mis en solution

Le procédé d'extraction du métal des solutions dépend de la richesse de la solution qui le contient

1.5.1 Précipitation du métal par cémentation

La cémentation est un procédé de récupération des métaux forts. Elle consiste à déposer un métal noble qui est dissout sur un notre métal moins noble qui est sous forme métallique. La réaction de base de la cémentation est la suivante :

$$M_1^{+Z1} + \frac{Z_1}{Z_2} M_2 = \frac{Z_1}{Z_2} M_2^{+Z2} + M_1$$

où Z_1 est la valence du métal noble
Z_2 est la valence du métal actif

Le potentiel électrochimique de la réaction de cémentation est :

$$\xi = E_{M_1^{+Z1}+Z_{1e} \to M_1} - E_{M_2^{+Z2}+Z_{2e} \to M_2}$$

En appliquant la relation de Nernst nous aurons :

$$\xi = \left(E^o_{M_1^{+Z1}/M_1} - E^o_{M_2^{+Z2}/M2}\right) - \frac{RT}{nF}\ln\frac{a_{M_2^{+Z2}}}{a_{M_1^{+Z1}}}$$

La réaction de cémentation se déroulera jusqu'à ce que le potentiel de conduite approche 0 qui est la condition d'équilibre c'est-à-dire qu'il n'y ait plus d'échange de la matière entre la solution et le métal actif.

1.5.2 Electrolyse d'extraction

Le but de l'électrolyse d'extraction est d'obtenir du métal à la cathode par passage du courant électrique dans un bain électrolytique contenant un sel du métal à déposer.

1.5.2.1 Les réactions électrochimiques principales

A la cathode : il y a réduction des ions Me^{+z} par :
$Me^{+z} + Ze^- \rightarrow Me$
A l'anode : il y a décomposition de l'eau et dégagement de l'oxygène
$2H_2O \rightarrow 4H^+ + O_2 + 4e^-$

1.5.2.2 La tension aux bornes de la cellule

$U_{A/C} = E_{A/C} + |\eta_A| + |\eta_C| + \rho l j + R_{ext} \times I$
avec :
$U_{A/C}$: La tension aux bornes de la cellule
$E_{A/C}$: La différence des tensions d'équilibre de l'anode et de la cathode
η_A et η_C : Respectivement les surtensions anodiques et cathodiques
$\rho l j$: Chute de tension due à la résistivité de la solution
$R_{ext} \times I$: Chute de tension due aux conducteurs électriques

D'une manière générale, les paramètres sur lesquels nous pouvons agir en électrolyse pour réduire la tension aux bornes de la cellule sont :
− l'agitation qui permet de réduire la surtension cathodique.

- la température qui permet d'augmenter la conductivité de la solution.
- la nature du métal constituant l'anode afin de réduire la surtension anodique.

1.5.2.3 La loi de la production

- le poids théorique

Il est donné par la loi de Faraday :

$$P_{th} = \frac{I \times \Theta \times e}{26,8}$$

avec :

I : Intensité du courant en Ampère

Θ : Temps de travail en heures

e : Equivalent gramme du métal

- le rendement de courant

Le rendement de courant est le rapport entre le poids du métal qui est réellement déposé à la cathode et le poids théorique obtenu par la loi de Faraday.

$$r_c = \frac{P}{P_{th}}$$

- Expression mathématique de la production

$$P = P_{th} \times r_c$$

$$\Rightarrow P = \frac{r_c \times I \times \Theta \times e}{26,8} \cdot 10^{-6} \; tonnes/cuve$$

$$P = \frac{r_c \times I \times \Theta \times e \times n \times \eta_c}{26,8} \cdot 10^{-6} \; tonnes$$

n : nombre de cuves

η_c : Coefficient d'exploitation

1.5.2.4 Consommation spécifique d'énergie

C'est le nombre de kWh dépensé pour déposer l'unité de poids métal réellement obtenue à la cathode.

$$w = \frac{W.\Theta}{P} = \frac{U_{A/C}.I.\Theta}{\frac{I.\Theta.e.r_c}{26,8}} \Rightarrow w = \frac{U_{A/C}.26,8}{r_c.e}.100 \text{ Kwh / Kg}$$

1.5.2.5 Calcul du débit entrée salle d'électrolyse

On alimente M tonnes de métal à l'électrolyse et on extrait P tonnes de métal.
On appelle taux d'extraction le rapport :

$$\tau = \frac{P}{M} = \frac{r_c \times I \times \Theta \times e \times n \times \eta_c}{26,8 \times M}.10^{-6}$$

$$\Rightarrow M = \frac{r_c \times I \times \Theta \times e \times n \times \eta_c}{26,8 \times \tau}.10^{-6}$$

Cette masse M se trouve dans le volume V_Θ de solution électrolysée pendant le temps Θ.

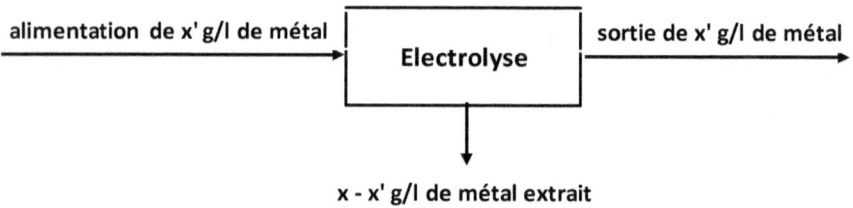

$$\Rightarrow \tau = \frac{x-x'}{x} = \frac{\Delta x}{x}$$

x g de métal sont contenus dans 1l de solution

1tonne de métal sera contenu dans $\frac{10^6}{x}$ litre de solution fraîche

M tonnes de métal sera contenus dans $\frac{M}{x}.10^6$ litre de solution fraîche

2. Exercices
2.1 Analyse de flow-sheet

On donne le flow-sheet suivant :

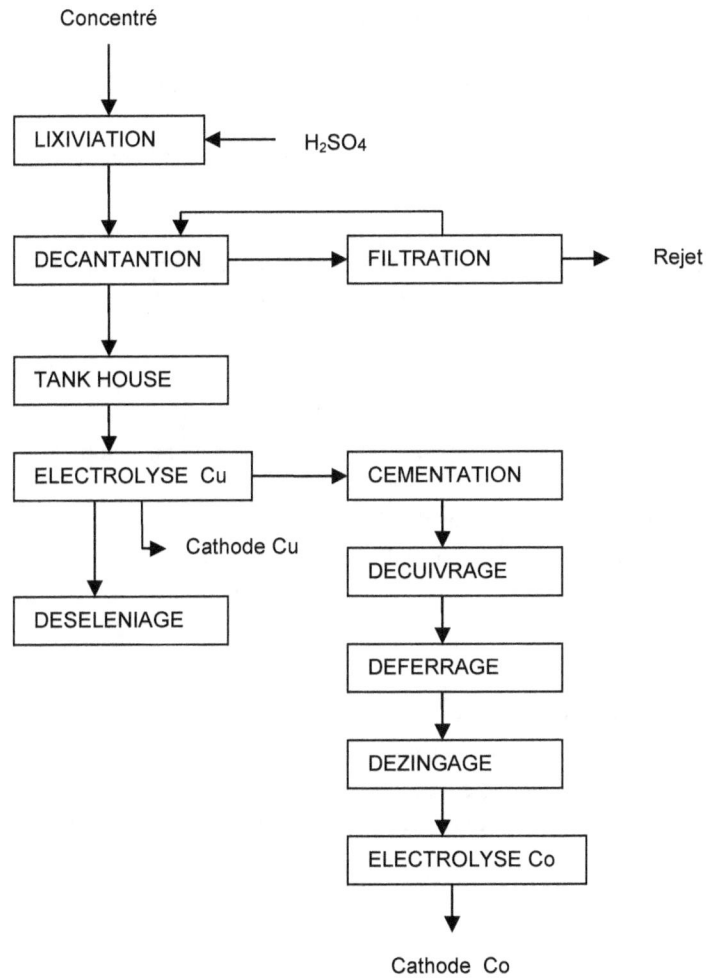

- *Est-ce que le flow-sheet est exact ?*
- *Où se trouvent les anomalies et pourquoi ?*
- *Proposez votre flow-sheet.*

Solution

- Le flow flow-sheet initial n'est pas exact.
Anomalies :

. Le déséléniage s'opère sur les granules de cuivre avant l'électro-extraction du cuivre pour éviter la contamination cathodique et non après l'électro-extraction du cuivre.

. Après déséléniage, il faut une batterie de décanteurs pour la clarification de la solution

. Dans le flow-sheet initial l'ordre d'élimination des impuretés dans la saignée n'est pas respecté.

Après l'électrolyse cuivre, la saignée doit être soumise à une purification sélective par élévation de pH. Les opérations doivent se succéder de la sorte :

Déferrage : pH= 3,8 ; agent précipitant chaux , calcaire broyé

Décuivrage : pH= 4,8 – 5,1 ; agent précipitant chaux

Dénickelage : pH = 4 ; agents : NaHS, granules de Co + l'eau acidulée pour abaisser le pH

Dézingage : pH = 6,0 ; agents : H_2S et Na_2CO_3

Décuivrage par cémentation, sur granules de Co

$$Co + Cu^{++} \rightarrow Co^{++} + Cu$$

(la solution s'appauvrit d'avantage en cuivre et s'enrichit en cobalt ionique)

Decobaltage : pH = 8 – 8,2 ; agents : chaux

le cobalt en solution est concentré à l'aide de la réaction de précipitation par la chaux ($Ca(OH)_2$). Après cette dernière opération, l'électrolyse Co se pratique soit en pulpe soit en solution claire.

Le flow-sheet proposé est le suivant :

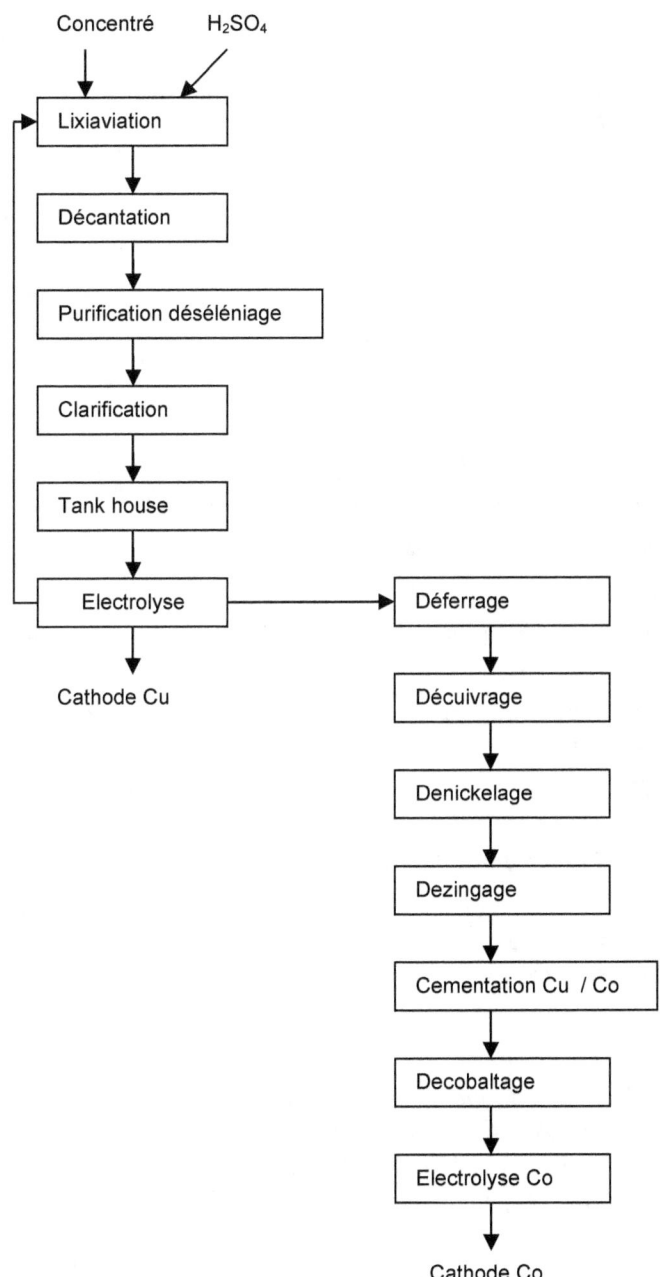

2.2 Analyse de flow-sheet

Le minerai de Kasombo du remblai R 120 est lixivié dans une solution d'acide sulfurique dans les conditions suivantes :
- pH : 1,5
- potentiel redox : 350 mV
- température : 50 °C
- Vitesse d'agitation : 800 tr / min

Les réactifs utilisés sont :

- *La solution d'acide (lixiviant) à 25 g H_2SO_4 / litre*
- *le sulfate ferreux à raison de 2,5 g Fe^{2+} / litre*
- *le sulfate ferrique à raison de 3 g Fe^{3+} / litre*
- *l'eau acidulée à 500 g/l pour réguler le pH*
- *la solution de métabisulfite de sodium ($Na_2S_2O_5$) à 200 g /litre*

Les résultats d'analyse chimique des différents constituants qui entrent en compte donnent ce qui suit :
- Minerai : 2,1 % Cu ; 0,37% Co ; 4,05 % Fe ; 0,0036 % Ni ; 0,0026 % Zn ; 0,10 % Mn
- Solution d'acide: 5,65 g/l Fe; 23,52 g/l H_2SO_4
- Filtrat : 1,5 g/l Cu ; 0,29 g/l Co ; 3,13 g/l Fe ; 0,001 g/l Ni ; 0,0021 g/l Zn ; 0,1 g/l Mg ; 6,86 g/l H_2SO_4
- Rejet : 0,11 % Cu ;0,02 % Co ; 3,95 % Fe ; 0,0022 % Ni ; 0,0024 % Zn ; 0,0088 % Mn

Pour réguler le pH, une tonne de minerai consomme 600 l de l'eau acidulée lorsqu'on part avec 6,7 m^3 de solution d'acide pour produire 13,3 m^3 de filtrat après séparation solide – liquide. Nous supposons que la séparation est parfaite et qu'une tonne de minerai produit 910 kg de gangue.

a) Quelle est la consommation d'acide par tonne de minerai ?
b) Quels sont les rendements de solubilisation du Cu, Co, Ni , Zn, ?
c) Donner le bilan Cu, Co,Fe de l'opération.

Solution

a) La consommation d'acide (CA) est la quantité d'acide perdue au cours de l'opération de lixiviation c'est-à-dire la quantité d'acide à l'entrée diminué de la quantité d'acide à la sortie.

Soient :

CAs (concentration acide dans la solution lixiviante) = 23,52 g/l
Vs (volume de la solution lixiviante) = 6,7 m^3 = 6700 l / t
CAf (concentration acide dans le filtrat) = 6,86 g/l
Vf (volume filtrat) = 13,3 m^3 = 13 300 l / t
CAr (concentration acide dans le régulateur pH) = 500 g/l
Vr (volume régulateur pH) = 600 l / t

$$CA = CAs \times Vs + CAr \times Vr - CAf \times Vf$$
$$= 366\ 346 \text{ g/t} \cong 367 \text{ kg/t}$$

b) le rendement de solubilisation ou de lixiviation (R_l) est le rapport exprimé en % entre le poids de l'élément solubilisé et le poids du même élément dans le minerai de départ. Il exprime en pourcentage le poids de l'élément qui solubilise.

R_l peut être calculé de deux façons :

— soit sur le rejet :

$$R_l = \frac{Poids\ minerai \times teneur\ élément - Poids\ rejet \times teneur\ élément}{Poids\ minerai \times teneur\ élément}$$

— soit sur filtrat :

$$R_l = \frac{Vf \times Concentration\ élément\ dans\ le\ filtrat}{Poids\ minerai \times teneur\ élément}$$

$$R_{l(Cu)} = \frac{1000 \times 0,0021 - 910 \times 0,0011}{1000 \times 0,0021} \times 100 = 95,23\%$$

$$R_{l(Cu)} = \frac{13300 \times 1,5}{1000000 \times 0,0021} \times 100 = 95\%$$

$$R_{l(Co)} = \frac{1000 \times 0,0037 - 910 \times 0,002}{1000 \times 0,000036} \times 100 = 95,08\%$$

$$R_{l(Ni)} = \frac{1000 \times 0,000036 - 910 \times 0,00001}{1000 \times 0,000036} \times 100 = 74,7\%$$

$$R_{l(Zn)} = \frac{1000 \times 0,000026 - 910 \times 0,000024}{1000 \times 0,000026} \times 100 = 16\%$$

c) $Bilan\ cuivre = \frac{Poids\ cuivre\ sortie}{Poids\ cuivre\ entree} \times 100$

$$B = \frac{1,5 \times 13300 + 0,0011 \times 910000}{1000000 \times 0,021} \times 100 = 99,77\%$$

$Bilan\ cobalt = 109\%$
$Bilan\ fer = 99\%$

2.3 Calcul de lixiviation

Les minerais oxydés Mangano-Cobaltifères de Tilwezembe subissent une lixiviation réductrice dans les conditions suivantes :

pH : 0,50
Potentiel redox : 450 mV
Température : 60 °C
Vitesse d'agitation : 800 tr / min
Durée de lixiviation : 2 heures
La solution lixiviante contient 2,5 g/l de Fe^{2+} et 2,5 g/l de Fe^{3+}
Le réducteur utilisé est le concentré sulfuré du concentrateur de Kolwezi (KTC).
Les compositions chimiques des minerais et des concentrés sulfurés sont reproduites dans le tableau ci – dessus :

	Cu tot %t	Cu ox %	Co tot %	Co ox %	Fe %	Ni %	Zn %	Mn %	MgO %	S %
Minerai de Twilezembe	2,19	1,59	1,34	1,32	1,44	0,02	< 0,01	1,12	2,19	-
Concentré sulfuré	31,04	0,66	5,43	0,10	2,39	0,08	0,05	3,67	3,17	16,67

L'examen minéralogique révèle que le Co oxyde est sous forme de Co_2O_3, le Cu sulfure Cu_2S et le Mn oxyde sous forme de MnO_2.
Déterminer en % le rapport concentré / minerai

Solution

Le cobalt se trouvant sous forme de Co^{3+}, il est pratiquement insoluble dans les liqueurs acides tandis que le Co^{2+} peut être solubilisé.

Le mécanisme de réduction est le suivant :

$Co^{3+} + e \rightarrow Co^{2+}$

$Fe^{2+} \rightarrow Fe^{3+} + e$

$Co^{3+} + Fe^{2+} \rightarrow Fe^{3+} + Co^{2+}$

Comme en hydrométallurgie, on limite la teneur de fer dans les solutions, car c'est un facteur qui pénalise le rendement de courant, on introduit dès lors dans le lixiviant une faible quantité de Fe^{2+} qu'on doit chaque fois régénéré. Le Fe^{2+} est régénéré par la réduction de Fe^{3+} par le Cu_2S du concentré sulfuré selon

$Fe^{3+} + e \rightarrow Fe^{2+}$ x4

$Cu_2S \rightarrow 2\ Cu^{2+} + S° + 4\ e$

$4\ Fe^{3+} + Cu_2S \rightarrow 4\ Fe^{2+} + 2\ Cu^{2+} + S°$

En définitive, la réaction globale de réduction de l'oxyde supérieur de cobalt est :

$Co_2O_3 + Cu_2S + 3\ H_2SO_4 = 2\ CoSO_4 + CuSO_4 + CuS + 3\ H_2O$

De même, le Mn est aussi réduit selon la réaction :

$MnO_2 + Cu_2S + 2\ H_2SO_4 = MnSO_4 + CuSO_4 + CuS + 2\ H_2O$

Considérons 1000 kg de minerai

Poids Co oxyde minerai = 13,2 kg

Poids Co_2O_3 minerai = $\frac{13,2 \times 165,88}{11,88} = 18,57\ kg$

Or selon la réaction de réduction du cobalt

165,3 g de Co_2O_3 nécessitent 159,08 g de Cu_2S

Donc pour 18,57 kg de Co_2O_3, il faut $\frac{18,57 \times 159,08}{165,3} = 17,87\ kg\ Cu_2S$

Poids Mn minerai = 11,2 kg

Poids MnO_2 minerai = $\frac{11,2 \times 86,94}{54,94} = 17,72\ kg$

Selon la réaction de réduction du Mn

86,94 g de MnO_2 nécessitent 159,08 g de Cu_2S

Donc pour 17,72 kg de MnO_2, il faut = $\frac{17,72 \times 159,08}{86,94} = 32,43\ kg\ Cu_2S$

Poids Cu_2S tot = 17,87 + 32,43 = 50,3 kg

Poids Cu sous forme de Cu_2S = $\frac{50,3 \times 127}{159,08} = 40,16\ kg$

Poids Cu sous forme de Cu_2S représente 31,04 – 0,66 = 30,38 % du concentré

Poids concentré = $\frac{40,16 \times 100}{30,38}$ = 132,2 kg

Rapport = $\frac{132,2}{1000} \times 100$ = 13,2%

Le poids du concentré représente 13,2% du minerai

2.4   Calcul d'une usine hydrométallurgique de zinc

Les usines à zinc de Kolwezi (UZK) produisent du zinc électrolytique au départ de la calcine obtenue à Likasi dans la division acide des usines de Shituru à l'issue du grillage d'un concentré de Kipushi.

Cette calcine a la composition moyenne de 37,48 % Zn ; 7,67 % Cu ; 0,21 % Cd. Les rejets de lixiviation ont la composition moyenne suivante : 16,61 % Zn ; 2,42 % Cu ; 0,13% Cd ; 24,40% Fe ; 141 ppm Ag. L'examen minéralogique de ces rejets révèle une présence de ferrite de zinc essentiellement de type franklinite   ($ZnFe_2O_4$), de blende residuel (ZnS), de chalcopyrite ($CuFeS_2$), de la covellite (CuS), de la bornite (Cu_5FeS_4) et de la pyrite (FeS_2) .

On traite ces rejets pour les valoriser par la technique de lixiviation appelée « Hot Acid Leaching » (Lixiviation Acide à Chaud) suivie de la purification de la solution du fer par la précipitation du fer sous forme d'un composé du type Jarosite [($M Fe_3(SO_4)_2(OH)_6$ où $M = K^+$, Na^+, NH^{4+} qui sont des cations du réactif précipitant].

La Hot Leaching se fait dans les conditions suivantes :
- densité de la pulpe : 1 / 10
- acidité initiale : 250 g/l
- température : 90 °C
- durée de lixiviation : 4 heures

et donne une liqueur qui contient 14,42 g/l de Zn ; 25,55 g/l de Fe ; 2, 47 g/l de Cd ; 157,78 g/l H_2SO_4 libre avec des solubilités de 139 kg/t Zn ; 0,9 kg /t Cd ; 23,3 kg/t Cu. La purification de la solution du fer se fait dans les conditions suivantes :
- durée : 2 heures
- température : 72,5 °C
-vitesse d'agitation : 650tr / min

Les réactifs utilisés pour la précipitation du fer sont :
- le sulfate de sodium comme précipitant
- le calcaire bleu comme neutralisant. Il titre 95 % $CaCO_3$ et sa composition moyenne est : 38,08 % Ca ; 0,27 % Fe ; 0,04 % Cu ; 0,02 % Zn.

a) Calculer le rendement Zn, Cu, Cd de lixiviation de la calcine si une tonne de calcine produit 900 kg des rejets

b) Quelle est la réaction de décomposition de la ferrite de Zn dans la solution d'acide sulfurique

c) Donner la réaction de précipitation du fer sous forme de jarosite

d) Quelle est la consommation stœchiométrique du sulfate de sodium et du calcaire bleu par litre de solution

Quels sont les rendements de récupération Zn, Cu, Fe, Cd, de la lixiviation à chaud.

Solution

a) $R(Zn) = \dfrac{Poids\ Zn\ calcine - Poids\ Zn\ rejet}{Poids\ Zn\ calcine} \times 100$

$R(Zn) = \dfrac{1000 \times 37,48 - 900 \times 16,61}{1000 \times 37,48} \times 100 = 60,56\%$

$R(Cu) = \dfrac{1000 \times 7,67 - 900 \times 2,42}{1000 \times 7,67} \times 100 = 71,6\%$

$R(Cd) = \dfrac{1000 \times 0,21 - 900 \times 0,13}{1000 \times 0,21} \times 100 = 44,28\%$

b) $ZnO.Fe_2O_3 + 4H_2SO_4 \rightarrow Fe_2(SO_4)_3 + ZnSO_4 + 4H_2O$

et sous forme ionique

$Zn^{2+} + Fe_2O_4^{2-} + 8H^+ + 4SO_4^{2-} \rightarrow 2Fe^{2+} + 3(SO_4)^{2-} + Zn^{2+} + SO_4^{2-} + 4OH^+$

c) $Na_2SO_4 + 6CaCO_3 + 3Fe_2(SO_4)_3 + 18H_2O \rightarrow 2NaFe_3(SO_4)_2(OH)_6 + 6CaSO_4.2H_2O + CO_2$

sous la forme ionique, elle peut s'écrire de la manière suivante :

$Na^+ + 3Fe^{2+} + 2SO_4^{2-} + 6H_2O \rightarrow NaFe_3(SO_4)_2(OH)_6 \downarrow + 6H^+$

Ce précipité est appelé jarosite de sodium ou natro-jarosite

d) Suivant la réaction de précipitation,

pour précipiter 336 g de Fe , il faut 140 g de Na_2SO_4
Or un litre de la solution contient 14,42 g de Fe
Donc 14,42 g de Fe nécessitent $14,42 \times \frac{140}{336} = 6g$ de Na_2SO_4
Le rendement de solubilisation est le rapport entre la quantité du métal qui se solubilise et la quantité du métal dans 1 T des rejets de départ.

$R(X) = \frac{Solubilité\ X}{\%X \times 1000} \times 100$

$R(Zn) = \frac{139}{0,16611} \times 100 = 83,36\%$

$R(Cu) = \frac{23,3}{0,02421} \times 100 = 96,28\%$

$R(Cd) = \frac{0,9}{0,0013 \times 1000} \times 100 = 69,23\%$

2.5 Calculs d'une usine hydrométallurgique

Une usine hydrométallurgique est alimentée par un concentrateur qui reçoit 10000 t de minerai par mois de composition moyenne : 3,6 % Cu ; 0,54 % Co ; 0,21 % P_2O_5 ; 7,45 % Al_2O_3 ; 5,10 % CaO ; 3,45% MgO ; 2,7% Fe_2O_3 ; 65% SiO_2 ; 39 ppm Ni ; 88 ppm Zn et qui produit un concentré qui titre 13,39 % Cu ; 3,10% Co avec des rendements de récupération Cu et Co respectivement de 73,45% et 47,71%.

L'usine produit 1300 tonnes de gangue par mois après lixiviation du concentré qui titrent 0,95 % Cu et 0,04 % Co . Les opérations de purification de la solution ont un rendement de 90 % pour le cuivre et 85 % pour le cobalt. La salle d'électrolyse de l'usine possèdent des cuves qui contiennent chacune 220 cathodes et 221 anodes et travaille avec un rendement d'extraction de 70 % Cu et 58 % Co.

a) Quel est le tonnage par mois de concentré alimenté à l'usine ?
b) Trouver la production mensuelle du cuivre et du cobalt

<u>Solution</u>

a) Le rendement de récupération d'un élément au niveau de la concentration est le rapport exprimé en % entre le poids de l'élément dans le concentré et le poids de l'élément dans le minerai de départ.

$$Rc = \frac{Poids\ concentré \times Teneur\ élément\ concentré}{Poids\ minerai \times Teneur\ élément\ minerai}$$

$$Poids\ concentré = \frac{Rc \times Poids\ minerai \times Teneur\ élément\ minerai}{Teneur\ élément\ concentré}$$

$$= \frac{0{,}7345 \times 10000 \times 0{,}036}{0{,}1339} = 1974{,}75\ T\ de\ concentré$$

b) La production mensuelle P = Poids élément minerai x rendement global d'extraction

Le rendement global d'extraction tient compte des opérations suivantes : concentration, lixiviation, purification et l'électrolyse conduisant à l'obtention des cathodes.

$$R_g = R_c \times R_l \times R_p \times R_e$$

$$R_l(Cu) = \frac{1974{,}75 \times 0{,}1339 - 1300 \times 0{,}0095}{1974{,}75 \times 0{,}1339} \times 100 = 95{,}33\%$$

$$R_l(Co) = \frac{1974{,}75 \times 0{,}031 - 1300 \times 0{,}0004}{1974{,}75 \times 0{,}031} \times 100 = 95{,}15\%$$

$$R_g(Cu) = 0{,}7345 \times 0{,}9533 \times 0{,}90 \times 0{,}75 = 0{,}536\%$$

$$R_g(Co) = 0{,}4771 \times 0{,}9915 \times 0{,}85 \times 0{,}58 = 0{,}31\%$$

$$P(Cu) = 10000 \times 0{,}036 \times 0{,}536 = 192{,}96\ T\ Cu/mois$$

$$P(Co) = 10000 \times 0{,}0054 \times 0{,}31 = 16{,}74\ T\ Cu/mois$$

2.6   Calculs d'une usine de production de sels de cobalt

On alimente une usine de production de sel inorganique de Co avec 10000Ts d'un minerai contenant 75 % d'hétérogénite ($CoO.3Co_2O_3.CuO.7H_2O$).

Ce minerai subit une lixiviation acide dans une solution acide sulfurique – acide nitrique. Le rendement de lixiviation Co est de 94 % et celui de Cu 98 %. La solution de lixiviation contenant 45 g/l de Co est purifiée par précipitation sélective du Cu à l'aide du lait de chaux. Le rendement de cette opération est en moyenne de 94 %. Après purification, on produit le sel inorganique de Co par précipitation à l'aide d'une solution de carbonate de sodium à 85 g/l avec un rendement de récupération de 96 %.

a) Quelle est la teneur de Co dans l'alimentation

b) Donner la quantité du précipité de Cu

c) Déterminer la production du sel ainsi que la consommation de la solution de carbonate par tonne de sel produit

d) Déterminer le volume de la solution à rejeter ainsi que le titre en Cu et Co résiduel

e) Quel est le rendement d'exploitation usine ?

Solution

a) Mm ($CoO.3Co_2O_3.CuO.7H_2O$) = 776,09 at gr

Dans 776,09 g d'hétérogénite il y a 410,59 g de Co ; 288 g d'O ; 63,54 g de Cu

Poids hétérogénite = 0,75 × 10 000 = 7500 T

Poids Co hétérogénite = $\frac{75000 \times 410,55}{776,09}$ = 3967,48 T = Poids Co alimentation

% Co alimentation = $\frac{3967,48}{10000} \times 100$ = 39,67%

b) Poids Cu hétérogénite = $\frac{7500 \times 63,54}{776,09}$ = 614,04 T

% Cu alimentation = $\frac{614,04}{10000} \times 100$ = 6,14%

Dans la solution, le Cu se trouve sous forme ionique (Cu^{++})

La réaction de précipitation est :

$$Ca(OH)_2 + Cu^{2+} \rightarrow Cu(OH)_2 + Ca^{2+}$$

Poids Cu solution de lixiviation = 614,04 × 0,98 = 601,76 T

Poids Cu précipité = 601,76 × 0,94 = 565,65 T

63,54 g de Cu sont contenus dans 97,54 g de $Cu(OH)_2$

poids du précipité de Cu = $\frac{565,65 \times 97,54}{63,54}$ = 868,3 T

c) La réaction de précipitation du sel est :

$$Co^{2+} + Na_2CO_3 \rightarrow CoCO_3 + 2Na^{2+}$$

Poids Co solution lixiviation = 3967,48 × 0,94 = 3729,43 T Co

Poids Co sel = 3729,43 × 0,96 = 3580,25 T Co

Production sel = $\frac{3580,25 \times 18,65}{58,65}$ = 7242,9 T de $CoCO_3$

Selon la réaction de précipitation 58,65 g de Co nécessitent 104 g de Na_2CO_3

Donc pour précipiter 3580,25 T de Co il faut = $\frac{3580,25}{58,65}$ = 6348,6 T de Na_2CO_3

Volume solution Na_2CO_3 = $\frac{6348,6.10^6}{85}$ = 74,67. 10^6 l = 74670 m^3

Consommation de la solution $Na_2CO_3 = \frac{74670}{7242,9} = 10,3 \ m^3/T$ de sel produit

La solution de la lixiviation contient 45 g/l Co

Volume solution lixiviation $= \frac{3729,43.10^6}{45} = 82,87.10^6 l = 82870 \ m^3$

Volume solution à rejeter $= 74670 + 82870 = 157\,540 \ m^3$

(on suppose négligeable la quantité d'eau apportée par le lait de chaux)

Poids Co solution à rejeter $= 3729,43 - 3580,25 = 149,18 \ T$

Poids Cu solution à rejeter $= 601,04 - 565,65 = 35,39 \ T$

Teneur Co solution à rejeter $= \frac{149,18.10^6}{157540.10^3} = 0,95 \ g/l$

Teneur Cu solution à rejeter $= \frac{35,39.10^6}{157540.10^3} = 0,22 \ g/l$

e) Le rendement d'exploitation usine est le rapport entre le poids Co dans le sel inorganique et le poids Co dans l'alimentation

$\eta Co = \frac{3580,25}{3967,48} \times 100 = 90,24\%$

$\% \ Co \ sel = \frac{3580,25}{7242,9} \times 100 = 49,43\%$

2.7 Calculs d'une usine hydrométallurgique

On alimente une usine hydrométallurgique avec 1000 Ts de concentré titrant 36 % Cu ; 20 % Co et 25 % Fe. L'opération de lixiviation acide donne :

- *rendement cuivre :* $\eta_{Cu} = 96 \%$
- *rendement cobalt :* $\eta_{Co} = 91 \%$
- *rendement fer* : $\eta_{Fe} = 82 \%$

La solution contenant 60 g/l Cu est décantée et les gangues soit 50 % de l'alimentation passent au lavage en emportant 1,2 m³ de solution par tonne de gangue. Au lavage, on ajoute 800 m³ d'eau. Les solides ayant même concentration qu'au décanteur sont rejetés. La solution de lixiviation et celle de lavage passent à l'électrolyse cuivre via la purification et la solution résiduelle contenant encore 30 g/l Cu est recyclée à la lixiviation et en partie va au circuit cobalt

a) calculer la concentration Co dans la solution qui va à l'électrolyse
b) calculer le poids de fer précipité à la purification si la solution d'électrolyse contient 2.5 g /l.

Solution

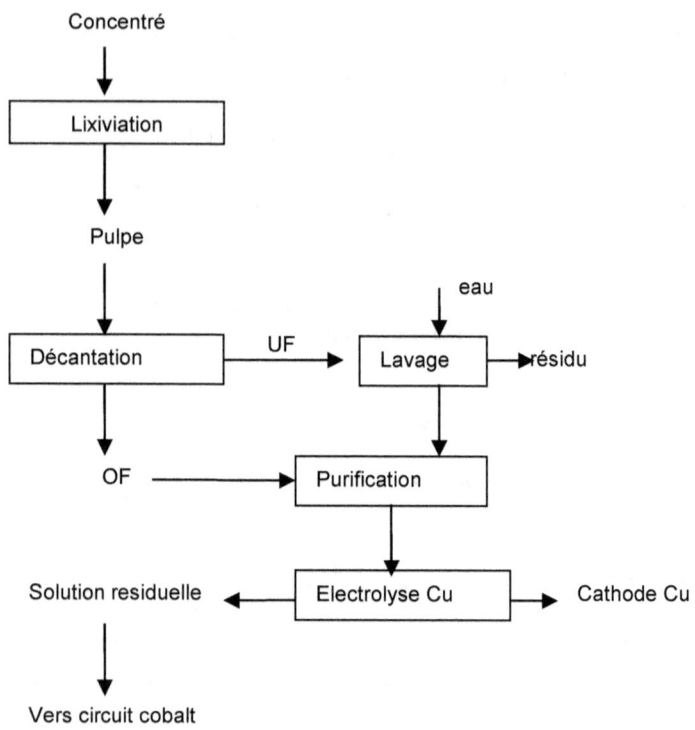

Flow sheet

Poids concentré alimenté A = 1000 Ts
Poids gangue = $1000 \times 0,5 = 500\,T$
Poids Cu alimentation = $0,36 \times 1000 = 360\,T$
Poids Cu solution = $360 \times 0,96 = 345,6\,T$
Volume solution pulpe = $\frac{345,6.10^6}{60} = 5,76.10^6 = 5760.10^6\,m^3$
Volume solution UF = $1,2 \times 500 = 600\,m^3$
Volume solution OF = $5760 - 600 = 5160\,m^3$
Volume solution lavage = $600 + 800 = 1400\,m^3$
Concentration Cu solution OF = $60\,g/l$

Concentration Cu solution lavage = $\frac{600 \times 60}{1400}$ = 25,714 g/l

Concentration Cu solution électrolyse = $\frac{5160 \times 60 + 1400 \times 25{,}714}{1400 + 5160}$ = 52,68 g/l

Poids Co alimentation = 0,20 × 1000 = 200 T

Poids Co solubilisé = 200 × 0,91 = 182 T

Comme les solides après lavage ont même concentration qu'au décanteur, alors le Co solubilisé se retrouve à 100 % dans la solution de l'électrolyse

Concentration Co dans la solution d'électrolyse = $\frac{182.10^3}{6560}$ = 27,74 g/l

b) Poids Fe alimentation = 0,25 × 1000 = 250 T

Poids Fe solubilisé = 250 × 0,82 = 205 T

Poids Fe dans la solution électrolyse = $\frac{2{,}5 \times 6560}{1000}$ = 16,4 T

Poids Fe précipité = 205 − 16,4 = 188,6 T

2.8 Calculs de cémentation

Cu, Ag, Cd sont récupérés d'une solution de lixiviation par précipitation avec excès de poudre de Zn. Si la concentration en ion Zn^{++} est de 114 g/l et que le coefficient d'activité est proche de 1 ; estimer les concentrations résiduelles des métaux récupérés à 25 °C et à 100 °C

Solution

a) A   25°C

Pour le cuivre

La réaction de précipitation est

$Cu^{++} + Zn \rightarrow Cu + Zn^{++}$

Le potentiel électrochimique de la réaction est :

$$\xi = E_{(Cu^{++} + 2e^- \rightarrow Cu)} - E_{(Zn^{++} + 2e^- \rightarrow Zn)}$$

$$= \left[E^0_{(Cu^{2+}/Cu)} - \frac{RT}{nF} \ln \frac{a_{(Cu)}}{a_{(Cu^{2+})}} \right] - \left[E^0_{(Zn^{2+}/Zn)} - \frac{RT}{nF} \ln \frac{a_{(Zn)}}{a_{(Zn^{2+})}} \right]$$

$a_{(Cu)} = a_{(Zn)} = 1$ pour les solutions pures.

$$\xi = E^0_{(Cu^{2+}/Cu)} - E^0_{(Zn^{2+}/Zn)} - \frac{RT}{nF} \ln \frac{a_{(Zn^{2+})}}{a_{(Cu^{2+})}}$$

La réaction s'arrête à l'équilibre c'est-à-dire lorsque $\xi = 0$

$$E^0_{(Cu^{2+}/Cu)} - E^0_{(Zn^{2+}/Zn)} = \frac{RT}{nF} \ln \frac{a_{(Zn^{2+})}}{a_{(Cu^{2+})}}$$

$$0{,}34 - 0{,}76 = \frac{8{,}314 \times 298}{2 \times 96500} \ln \frac{114}{(Cu^{++})}$$

$$1{,}1 = 0{,}0128 \times [\ln 114 - \ln(Cu^{2+})]$$

$$\ln(Cu^{2+}) = -81{,}2$$

$$(Cu^{2+}) = 10^{-35{,}3} \, g/l$$

b) A 100 °C

$$1{,}1 = 0{,}076 + 0{,}0160 \ln(Cu^{2+})$$
$$(Cu^{2+}) = 10^{-28} \, g/l$$

2.9 Calculs d'électro-extraction

Une installation d'électro-extraction est composé de 10 cuves (montées en série) et comportant chacune 60 cathodes et 61 anodes (montées en parallèle). Chaque cuve est alimenté par une solution contenant 45 g/l Cu et après électrolyse on recueille une solution contenant 30 g/l Cu.

Si le rendement de courant cathodique = 85 %, la densité de courant cathodique Jc = 220 A/m², la surface d'une cathode = 0,9 m² et le coefficient d'utilisation des bacs est de 95 %, calculer :

a) l'ampérage alimenté
b) le poids de métal déposé par mois
c) la quantité de solution traitée

Solution

a) $I = Jc \times Su \times nombre\ cathode$

$= 220 \times (0{,}9 \times 2) \times (60 \times 10) = 237\,600\ A$

b) $Poids\ Cu\ déposé\ /24\ h = \frac{I \times 24 \times e}{26{,}8} \times Rc \times \eta_b = \frac{237600 \times 24 \times 31{,}77}{26{,}8} \times 0{,}85 \times 0{,}95$

$= 5458617{,}08\ g = 5{,}45\ T$

Poids Cu déposé/$mois$ = 5,45 × 30 = 163,5 $T\ Cu$

c) Chaque litre de solution laisse 45 – 30 = 15 g de Cu pour se déposer
15 g de Cu sont apportés par 1 l de solution fraîche
donc $163,5.10^6 g \rightarrow \frac{163,5.10^6}{15} = 10,9.10^6 l = 10\ 900\ m^3$

Autre méthode

Soit M la masse de Cu dans la solution d'alimentation et P la masse de Cu extrait

Le taux d'extraction $\tau = \frac{P}{M} \Rightarrow M = \frac{P}{\tau}$

Or M se trouve dans le volume V de solution d'électrolyse

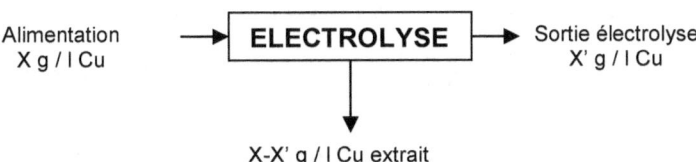

$\tau = \frac{X-X'}{X} = \frac{\Delta X}{X} = \frac{45-30}{45} = 0,333$

45 g de Cu sont contenus dans 1 l de solution fraîche
1 T de Cu sera contenue dans $10^6 / 45$ l de solution fraîche
M T de Cu seront contenues dans M $.10^6 / 45$ litres

$V = \frac{M.10^6}{45}$ or $M = \frac{P}{\tau} = \frac{163.5}{0,333} = 490,99\ T$

$V = \frac{490,99.10^6}{45} = 10,910.10^6\ l = 10910\ m^3$

2.10 Calculs d'électro-extraction

Une salle d'électrolyse de production de Cu est alimentée par une solution qui titre 65 g/l Cu et qui sort avec 30 g/l Cu. Les conditions de travail sont les suivantes :

- *dimensions cathode : 1m x 0.9m*
- *une cuve contient les éléments cathodes - anodes qui sont en parallèles et contient 200 cathodes et 201 anodes*
- *nombre des cuves : $n_{(cuve)} = 150$*
- *densité de courant cathodique : Jc = 240 A / m²*

- coefficient d'exploitation des cuves $\eta_c = 95\%$
- rendement de courant : $r_c = 90\%$

a) Calculer la production annuelle du Cu.
b) Déterminer le volume de la solution à alimenter par an ainsi que son débit.

Solution

a) Surface utile : $S = 1 \times 0,9 \times 2 = 1,8\ m^3$
   Intensité $I = Jc \times S = 240 \times 1,8 = 432\ A/cathode$

$$Production/Cathode = \frac{\eta_c \times r_c \times I \times \Theta \times e}{26,8} \times 10^{-6}\ T/cath/an$$
$$= \frac{0,95 \times 0,9 \times 43224 \times 365 \times 31,77}{26,8} \times 10^{-6} = 3,83\ T/cath/an$$

$Production\ annuelle\ salle = 3,83 \times 200 \times 150 = 114\ 900\ T\ Cu/an$

b) Soit M le poids (T) du Cu alimenté à l'électrolyse et P le poids du Cu extrait (produit)

Le taux d'extraction $\tau = \frac{P}{M} = \frac{\eta_c.r_c I.\Theta.e.n_{(cath)}.n_{(cuve)}}{26,8.M}.10^{-6}$

$$M = \frac{\eta_c.r_c I.\Theta.e.n_{(cath)}.n_{(cuve)}}{26,8.\tau}.10^{-6}$$

Or ce poids se trouve dans une solution de volume V qui titre X g/l Cu avec X le titre de la solution à l'entrée et X' à la sortie

Donc $V = \frac{M.10^6}{X}\ litres$

$$V = \frac{\eta_c.r_c I.\Theta.e.n_{(cath)}.n_{(cuve)}}{26,8.\tau.X}\ litres$$

Nous supposons que la variation du volume est négligeable
$M = V.X.10^{-6}$ et $P = V.(X - X').10^{-6}$

$\tau = \frac{X-X'}{X} = \frac{\Delta X}{X}$ et $\tau.X = \Delta X$

$$V = \frac{\eta_c.r_c I.\Theta.e.n_{(cath)}.n_{(cuve)}}{26,8.\Delta X}\ litres$$

$$V = \frac{0,95 \times 0,9 \times 43224 \times 365 \times 31,77 \times 200 \times 150}{26,8 \times (65-30)}$$

$V = 3\ 287\ 680\ m^3$

Le débit est la quantité de solution qui entre par heure

$$D = \frac{V}{\Theta.\eta_c} = \frac{3287680}{24 \times 365 \times 0,95} = 395\ m^3/h$$

Débit par cuve $= \frac{395}{150} = 2,63\ m^3/h$

2.11 Calculs d'électro-extraction

Dans une installation de production de Cu par électrolyse à partir de CuSO₄, la résistivité moyenne de la solution est de cinq ohms par cm³, les électrodes sont distantes de 4 cm ; La surtension anodique est de 0,5 V et la surtension cathodique négligeable.

La densité de courant est de 165 A / m² ; La chute de potentiel ohmique cathodique / bus bar = 0,05 V et celle de l'anode / bus bar = 0,10 V

Le rendement de courant est de 85 % et l'intensité de courant par cuve d'électrolyse est de 1000 Ampères.

On demande :

a) la tension nécessaire pour surmonter la chute de potentiel ohmique dans l'électrolyte.

b) le voltage absorbé par la réaction chimique d'électrolyse.

c) la chute de potentiel anode – cathode ; $V_{A/C}$.

d) le poids de Cu déposé par jour et par cuve.

e) la quantité de kW nécessaire par cuve (énergie).

f) la consommation spécifique d'énergie.

Solution

La résistivité de la solution $\rho = 5\ \Omega/cm^3$

La distance entre électrodes $l = 4$ cm

La surtension anodique $\eta_a = 0,5$ V

La surtension cathodique $\eta_c = 0$ V

Densité de courant $J = 165\ A/m^2$

La chute de potentiel ohmique cathodique = 0,05 V

La chute de potentiel anodique = 0,10 V

Rendement de courant $r_c = 0,85$

Intensité $I = 1000$ A

a) la tension nécessaire pour surmonter la chute de potentiel ohmique dans l'électrolyte = $\rho . l . J$

$\rho \times l \times J = 5 . 4 . 165 . 10^{-4} = 0,33$ V

b) les réactions chimiques d'électrolyse du Cu sont :
- A la cathode $Cu^{2+} + 2e^- \rightarrow Cu$ $\quad E_{Cu/ENH} = 0,34$ V
- A l'anode $H_2O \rightarrow 2H^+ + \frac{1}{2}O_2 + 2e^-$ $\quad E_{O_2/ENH} = 1,23$ V

$E_{A/C} = E_{Cu/ENH} - E_{O_2/ENH}$
$= 1,23 - 0,34 = 0,89$ V

c) $U_{A/C} = E_{A/C} + \eta_a + \eta_b + \rho l j + \sum R_{ext} . I$

$= 0,89 + 0,5 + 0 + 0,33 + (0,05 + 0,10) = 1,87$ V

d) $\quad P = \frac{1000 \times 24 \times 31,77 \times 0,85}{26,8} = 24,183$ kg/J/cuve

e) $\quad E = I. U_{A/C} = 1000 \times 1,87 = 1,87$ kW/cuve

f) $\quad w = \frac{E.\Theta}{P} = \frac{1,87 \times 24}{24,183} = 1,85$ kWh/kg Cu

2.12 Calculs d'électro-extraction du zinc

Une installation de production de zinc par électrolyse comprend 400 bacs contenant chacun 21 anodes et 20 cathodes. Celles-ci ont 0,9 m de longueur et plongent de 1 m dans l'électrolyte. La densité de courant cathodique est de 300 A / m² et le rendement de courant de 90 %. La surtension de O_2 sur les anodes est de 0,35 V et la surtension cathodique de 0,1 V. La résistivité de l'électrolyte est de 6 Ω / cm et les électrodes sont distantes de 4 cm . La chute de tension aux contacts est de 0,2 V. Le pH = 0 et a $_{(Zn++)} = 1$

A. calculer

a) le poids de Zn produit par 24 h
b) l'accroissement de l'épaisseur des cathodes / 24 h
c) la tension aux bornes de chaque bac
d) la consommation d'énergie / tonne de Zn produit

B. indiquer les facteurs sur lesquels on pourrait agir pour réduire la consommation d'énergie.

Solution

Données

Nombre des bacs = 400

Dans chaque bacs il y a 21 anodes et 20 cathodes

La résistivité du bain $\rho = 6\ \Omega$ cm

La distance entre électrodes l = 4 cm

La surtension anodique $\eta_a = 0{,}35$ V

La surtension cathodique $\eta_c = 0{,}1$ V

Densité de courant J = 300 A/m^2

La chute de tension aux contacts = 0,2 V

Rendement de courant $r_c = 90\ \%$

pH = 0

$a_{(Zn^{++})} = 1$

A.

a) $Production/Cathode = \dfrac{r \times I \times \Theta \times e}{26{,}8} g$

S = 0,9 . 1 = 0,9 m^2

Su = 0,9 . 2 = 1,8 m^2

I = 300 . 1,8 = 540 A

e = 65,32 / 2 = 32,66

$P = \dfrac{0{,}9 \times 540 \times 24 \times 32{,}66}{26{,}8} = 14{,}227\ kg/cath.$

Pour toute l'installation P = 14,227 . 20 . 400 = 114 T / 24 h

b) Le Zn a comme masse volumique 7 g / cm^3

Volume Zn déposé à la cathode $\dfrac{14227}{7} = 2032$ cm^3

Epaisseur cathode accru = $\dfrac{2032}{9000} = 0{,}225$ cm = 2,25 mm

c) $U_{A/C} = E_{A/C} + \eta_a + \eta_b + \rho l j + \sum R_{ext} \cdot I$
$= (1{,}23 + 0{,}76) + 0{,}35 + 0{,}1 + 6 \times 4 \cdot 10^{-3} \times 300 + 0{,}2 = 3{,}36\ V$

d) $w = \dfrac{U_{A/C} \times I \times \Theta}{P} \times 100 = \dfrac{3,36 \times 540 \times 24}{14,227} = 3060 \; kWh/T$

B. Pour réduire la consommation d'énergie, on peut soit diminuer U a / c ou soit améliorer le rendement de courant.

2.13 Calculs d'électro-extraction du cobalt

On cherche à produire du cobalt par électroextraction à partir d'un stock de 10 000 Tonnes sèches d'un sel inorganique de Co ($CoCO_3$). L'électrolyse doit se faire dans les conditions suivantes :

- *densité de courant J = 3 A / dm2*
- *tension aux bornes de la cellule = 5 V*
- *dimensions cathode = 1 m x 0.9 m*
- *nombre cathodes / cuve = 46*
- *nombre anodes / cuve = 47*
- *nombre cuves = 21*
- *coefficient d'exploitation des cuves = 94 %*
- *rendement électrochimique de courant = 89 %*
- *solution d'entrée à 35 g/l Co*
- *solution de sortie à 12 g/l Co*

a) proposez un flow–sheet de traitement et commentez-le.
b) combien de temps faudra – t – il pour traiter tout le stock et quel est le débit de la solution d'entrée à l'électrolyse ?

Solution
a) Flow – sheet

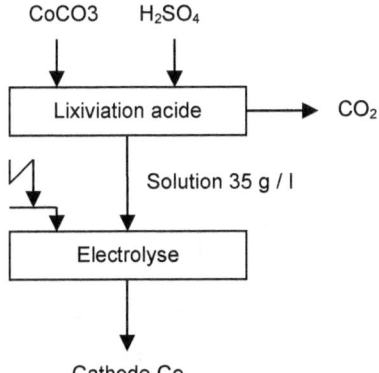

Après la lixiviation, nous passons directement à l'électrolyse car le sel bien qu'il peut contenir quelques impuretés, la solution de lixiviation n'a pas besoin d'être purifié ni de subir une séparation solide liquide étant donné qu'on a pas de gangue.

La réaction de solubilisation est : $CoCO_3 + H_2SO_4 \rightarrow CoSO_4 + H_2O + CO_2$

La solution sortie salle électrolyse contient encore 12 g/l Co et du H_2SO_4 (régénéré et résiduel) donc il faut la recycler à la lixiviation pour utiliser H_2SO_4 à la solubilisation du Co frais ainsi que pour récupérer le Co qui y contient.

b) Mm $(CoCO_3)$ = 118,65 gr

118,65 g de $CoCO_3$ contient 58,65 g de Co
donc dans 10 000 T de $CoCO_3$ il y a 4943,11T de Co
Teneur sel en Co = 49,43 %

Nous supposons que le rendement de lixiviation est de 100 % étant donné que le lixivié est homogène (c'est-à-dire constitué seulement de $CoCO_3$)

Poids Co sel = Poids Co solution lixiviation = 4943,11 T

Comme la solution de lixiviation contient 35 g/l Co,

Le volume solution lixiviation $V = \frac{4943,11.10^6}{35} = 141230 m^3$

en supposant que la variation du volume est négligeable à l'électrolyse,

$P = (35 - 12) \times 141230.10^{-3} = 3248,30 \, T$

$Surface\ utile\ cathode = 1 \times 0,9 \times 2 = 1,8\ m^2 = 180\ dm^2$

$I/Cath = 3 \times 180 = 540\ A$

$I_{tot} = 540 \times 46 \times 21 = 521\ 640\ A$

$$P = \frac{\eta_c \times I_{tot} \times \Theta \times e \times r_c}{26,8} \cdot 10^{-6} \text{ avec } e = 29,235$$

$$\Theta = \frac{P \times 26,8}{\eta_c \times I_{tot} \times e \times r_c} \cdot 10^6 = \frac{3248,30 \times 26,8}{0,94 \times 521640 \times 29,235 \times 0,89} \cdot 10^6$$

$$\cong 6803 \text{ heures} \cong 284 \text{ jours}$$

$$D = \frac{V}{\Theta} = \frac{141230}{6802,535} = 20,76 \ m^3/h \text{ de solution}$$

2.14 Calculs d'affinage électrolytique du plomb

Le plomb à affiner est à 96,73 % et le plomb affiné est pratiquement pur. Chaque bac contient 22 anodes et 21 cathodes montées en dérivation et donne une production moyenne de 247 kg de plomb par 24 heures.
- *surface de chaque face des électrodes plongées dans le bain : 5312 cm^2*
- *intensité de courant sur chaque plaque : 135 A*
- *masse de chaque anode 124,6 Kg*
- *intervalle entre anode et cathode : 2,93 cm*
- *l'électrolyse est terminée en 9 jours*
- *résistivité de la solution : 10 ohm-cm*
- *la résistance dans les contacts produit une chute de tension de 0,158 V*
- *masse volumique du plomb : 11.35 Kg/dm^3*
- *prix de l'énergie : 0,3 Francs par KWh.*

Calculer

a) l'épaisseur de la couche de plomb déposée sur chaque cathode en 24 heures.

b) la proportion de déchets d'anodes à refondre à la fin de l'électrolyse

c) la masse de plomb déposée en 24 heures dans un bac, d'après la loi de Faraday.

d) le rendement électrochimique.

e) la chute de tension par bac.

f) le prix de l'énergie électrique par tonne de Plomb impur affiné.

Solution

Données :
- teneur anode en plomb = 96,73 %
- nombre anodes par bac = 22
- nombre cathodes par bac = 21
- production Pb par bac = 247 kg / 24 h
- surface électrode S = 5312 cm²
- intensité I = 135 A
- masse anode = 124,6 kg
- intervalle entre cathode et anode l = 2,93 cm
- durée de l'électrolyse θ = 9 jours = 216 h
- résistivité de la solution ξ = 10 Ωcm
- chute de tension dans les contacts = 0,15 v
- masse volumique plomb ρ Pb = 11,35 Kg / dm³
- prix énergie = 0,3 F / Kwh

a) En 24 h, sur chaque cathode il se dépose $\frac{247}{21} = 11,76\ kg\ de\ Pb$

Volume du Pb déposé à la cathode $\frac{11,76}{11,35} = 1,036\ dm^3$

Epaisseur de couche de Pb $\frac{1,036}{53,12} = 0,0195\ dm = 1,95\ mm$

b) la production de 9 jours du bac = $247 \times 9 = 2223\ Kg$

le poids des anodes = $124,6 \times 22 = 2741,2\ Kg$

Poids Pb dans les anodes = $2741,2 \times 0,9673 = 2651,56\ Kg$

la proportion des déchets = $\frac{2651,56 - 2223}{2651.56} \times 100 = 16,2\%$

c) Poids théorique d'après la loi de Faraday = $\frac{I \times \Theta \times e}{26,8} \times nombre\ de\ cathodes$

$= \frac{135 \times 24 \times 103,5}{26,8} \times 21 = 262,7\ kg\ de\ Pb$

d) Le rendement électrochimique = $\frac{247}{262,7} \cdot 100 = 94\%$

e) $U_{A/C} = E_{A/C} + \eta_a + \eta_c + \rho . l . J + \sum R_{ext} . I$

$= 0 + 0 + 0 + 10 \times 2,93 \times \frac{135}{10624} + 0,15 = 0,52\ V$

2.15 Calculs d'une usine d'électro-raffinage de cuivre

Une usine de raffinage du cuivre a une capacité de production de 217 000 tonnes de cuivre par an (365 jours) obtenue avec une densité de courant de 1,862 ampère par dm² de surface cathodique. Chaque cuve contient 30 cathodes et 31 anodes branchées en parallèles (système multiple). Les dimensions des électrodes sont de 768,35 mm × 977,9 mm. Elles sont complètement immergées. La distance moyenne entre les électrodes est de 34,29 mm. Le voltage (tension) par cuve est de 0,24 V. Les cuves sont interconnectées en 4 circuits séparés avec un générateur par circuit.

On demande :

a) le nombre total de cuves si elles sont toutes en fonctionnement et si le rendement de courant est 93 %

b) la résistivité de l'électrolyte en supposant que 50 % de la tension appliquée sert à surmonter la résistance de l'électrolyte.

Solution

P = 217 000 T / an
an = 365 j
J = 1,862 A / dm²
Nombre cathode par cuve = 30
Surface cathode : S = 76,835 . 97,79 = 7513,7 cm²
S utile = 75137,7 . 2 = 15027,4 cm² = 150,274 dm²
I = J . S = 279,8 A

a) $Production/Cathode = \frac{279,8 \times 24 \times 365 \times 32 \times 0,93}{26,8} \cdot 10^{-6} = 2,73 \ T/an$

$Nombre \ de \ cathodes = \frac{P_{totale}}{P_{cathode}} = \frac{217000}{2,73} = 79487 \ cathodes$

$Nombre \ de \ cuves = \frac{Nombre \ de \ cathodes \ total}{Nombre \ de \ cathodes \ par \ cuve} = \frac{79487}{30} = 2650 \ cuves$

b) $0,24 \cdot 0,5 = \rho \cdot l \cdot J$

$\rho = \frac{0,24 \times 0,5}{l \times j} = \frac{0,24 \times 0,5}{3,429 \times 1,862} \times 100 = 1,88 \ \Omega m$

2.16 Calculs du traitement hydrométallurgique d'un minerai oxydé

On cherche à traiter un minerai oxydé de Cu-Co-Au par voie hydrométallurgique ; Ce minerai a la composition moyenne suivante : 6,93 % Fe ; 1,6 %Cu ; 0,5 % Co ; 70,4 % SiO_2 ; 1,8 % MgO ; 119 g/t As ; 19 g/t Cd ; 13,5 g/t Au ; 5 g/t Sb ; < 1 g/t Ag.

On se propose deux flow-sheets de traitement donnés aux fig 1 et fig 2.

Les caractéristiques des opérations unitaires obtenues au laboratoire sont :

1. Concentration gravimétrique :

— *conditions opératoires*
  — *table à secousses*
  — *densité de la pulpe 1 / 1*
  — *minerai grossier broyé sec à – 10 mesh*
  — *débit d'eau 6 l / min*
  — *pente 6°*

— *Caractéristiques Concentré :*
  . poids : 60,80 % de l'alimentation
  . composition : 19,70 g /t Au ; 1,9 % Cu ; 0,67 % Co ; 8,6 % Fe

2. lixiviation acide sulfurique

— *conditions opératoires*
  — *solution lixiviante : solution de H_2SO_4 à 2,5 g/l Fe^{2+} et 2,5 g/l Fe^{3+}*
  — *température : 60 °C*
  — *vitesse d'agitation : 800 tr / min*
  — *temps : 2 h*
  — *densité de la pulpe : 1500*
  — *pH : 1 (ajusté par une solution à 500 g/l de H_2SO_4)*
  — *potentiel : 350 mV (Ag/AgCl) (ajusté par une solution de $Na_2S_2O_5$ à 200 g/l)*
— *Caractéristiques*
  — *résidu : poids : 90,6 % de l'alimentation*
  — *composition : 0,26% Cu ; 0,04 % Co ; 6,34 % Fe ; 15 g/t Au*

- rendement de solubilisation : 84 % Cu ; 92,75 % Co ; 17,11 % Fe
- concentration acide total de départ : 48,40 g/l
- concentration acide libre dans le filtrat : 17,72 g/l

3. Cyanuration
- conditions opératoires
    - régulateur de pH : NaOH à 200 g/l
    - pH = 10,5
    - température : 21 °C
    - densité de la pulpe : 3000
    - temps 14 heures

- caractéristiques
    - résidu : poids : 99 % de l'alimentation
      composition : 1,35g/t Au ; 0,22 % Cu ; 0,04 % Co ; 6,31 % Fe

Questions

a) quelle est la consommation d'acide par tonne de minerai lixivié.

b) donner la réaction de cyanuration par NaCN ainsi que la quantité de NaCN nécessaire par tonne de minerai.

c) donner la réaction de cémentation de l'or sur le zinc.

d) quelles sont les réactions d'oxydation et de réduction de l'électrolyse de l'or.

e) quel est le flow-sheet à adopter dans ces conditions ?

Données supplémentaires
- toutes les opérations de purification et de séparation solide liquide sont supposées idéales.
- rendement de récupération Au à la concentration = 98 %
- rendement de récupération Au à l'affinage thermique = 97 %
- rendement de récupération Au à l'électro-raffinage = 99 %
- rendement électrolyse Cu = 90 %
- rendement électrolyse Co = 93 %

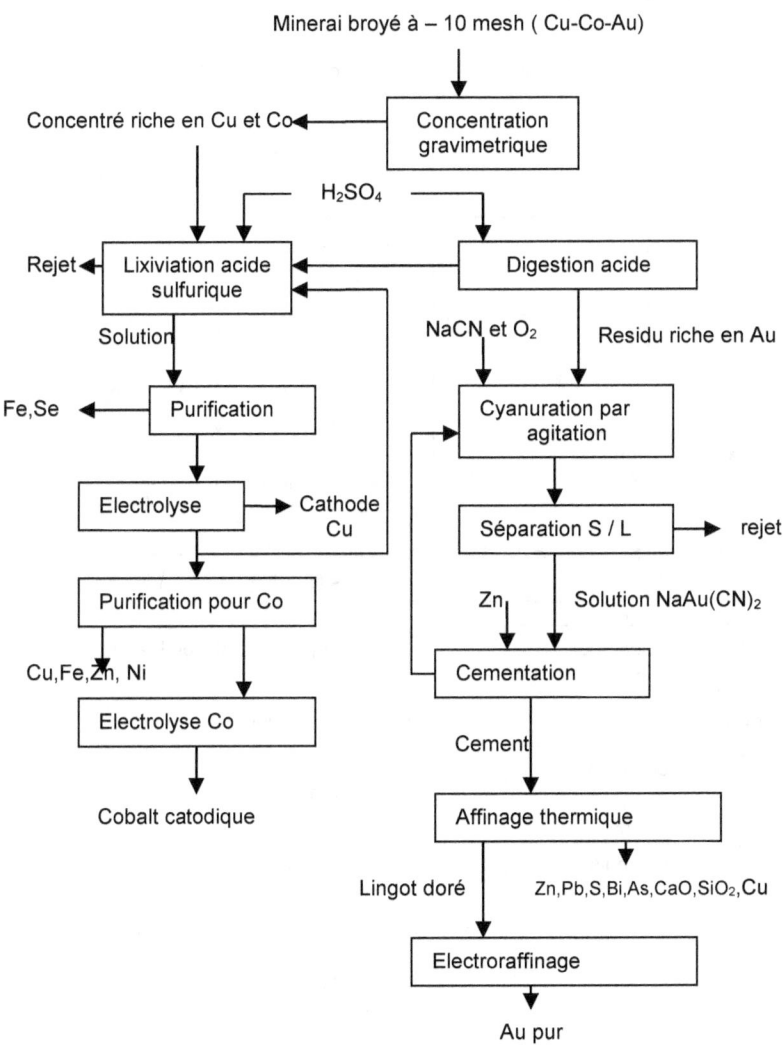

Figure 4 - Flow-sheet a

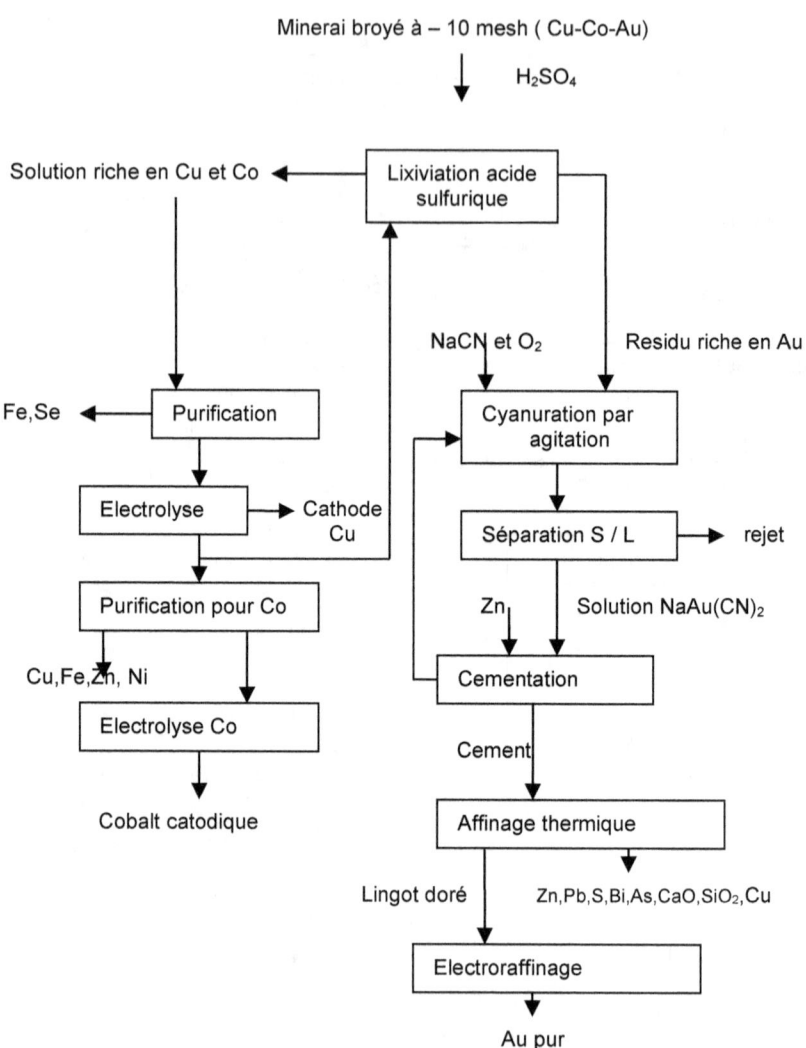

Figure 5 - *Flow-sheet b*

Solution

a) La consommation d'acide est la différence entre l'acide de départ (entrée) et l'acide libre du filtrat.

Consommation d'acide (g/l) = 48,40 – 13,72 = 34,68 g/l
Nous savons que la densité de la pulpe à la lixiviation est de 15 % solide c'est-à-dire 150 g de minerai pour 1 l de solution.

Alors pour 1 T de minerai nous aurons 6666,67 l

Donc la consommation d'acide par tonne de minerai :
$$= 34,68 \times 6666.67 = 231200\ g = 231,2\ kg\ H_2SO_4$$

b) La chimie du procédé de la cyanuration est basée sur le fait que , dans les conditions oxydantes, l'or peut être complexé et dissout dans les solutions des cyanures alcalins en milieu aqueux. Donc l'or en présence des ions CN^- , d'un oxydant (O_2) dans le milieu aqueux peut être complexé.

La réaction équilibrée est donc :
$$4Au + 8NaCN + O_2 + 2H_2O = 4[AuNa(CN)_2] + 4NaOH$$

de part cette réaction, 788 g d'or sont complexés par 392 g de NaCN.

Dans 1 T de minerai , il y a 13,5 g de Au
donc pour 1T de minerai il faut $\frac{13,5 \times 392}{788} = 6,7\ g/T$

c) Comme tout autre procédé de cémentation , le principe de base est que la métal à récupérer de la solution est plus noble que le métal utilisé pour la cémentation .

De ce fait $E_{(Zn/Zn^{2+})}$ étant inférieur à $E_{(Au/Au(CN)_2^-)}$
donc le Zn s'oxyde : $Zn \rightarrow Zn^{2+} + 2\ e^-$
l'or se réduit : $Au(CN)_2^- + e^- \rightarrow Au + 2CN^-$
D'où la réaction de cémentation pour l'or est :
$$2NaAu(CN)_2 + Zn = Na_2Zn(CN)_4 + 2Au$$

d) L'or étant un des métaux les plus nobles, il peut aisément être réduit de la solution par électrolyse. La réaction d'oxydation prend place à l'anode et la réduction du métal à la cathode. On aura ainsi :

à l'anode : $4\ OH^- \rightarrow O_2 + 2\ H_2O + 4\ e^-$

à la cathode : $4\ [Au(CN)_2]^- + 4\ e^- \rightarrow 4\ Au + 8\ CN$

e) Un flow-sheet est bon lorsque la productivité est élevé et le coût d'exploitation faible c'est-à-dire la consommation des processeurs faible. Pour notre cas, nous comparons les deux flow-sheets par la production d'or, de cuivre, et de cobalt en partant de 100 T de minerai.

e.1. détermination de la production Au, Cu, Co pour le flow-sheet a

Production Au

Poids Au produit = poids Au minerai × Rdt global de récupération Au
Poids Au minerai = 13.5 . 100 = 1350 g = 1,35 kg d'Au

$$Rdt\ global = Rdt\ concentration \times Rdt\ digestion\ acide \\ \times Rdt\ cyanuration \times Rdt\ séparation\ S/L \\ \times Rdt\ cémentation \times Rdt\ raffinage\ thermique \\ \times Rdt\ électroraffinage$$

Rdt concentration gravimétrique $= \dfrac{Poids\ Au\ concentré}{Poids\ Au\ minerai} \times 100$

$= \dfrac{19{,}7 \times 0{,}608}{1350} . 100 = 88{,}72\%$

Rdt digestion acide = 100 % (tout l'or passe dans le résidu vu sa noblesse)
Poids résidu digestion = Poids concentré de la table − Poids Cu solubilisé −
Poids Co solubilisé − Poids Fe solubilisé
$= 0{,}608 \times 100 - 0{,}84 \times 0{,}608 \times 100 \times 0{,}19 - 0{,}9275 \times 0{,}608 \times 100 \times 0{,}0067 - 0{,}1711 \times 0{,}608 \times 100 \times 0{,}086$
$= 58{,}56\ T\ (\cong \text{alimentation cyanuration})$

$Rdt\ cyanuration = \dfrac{Poids\ Au\ complexé}{Poids\ Au\ alimentation\ cyanuration} \times 100$

$= \dfrac{Poids\ Au\ complexé - Poids\ résidus}{Poids\ Au\ alimentation} \times 100$

$$Teneur\ Au\ alimentation\ cyanuration\ = \frac{19,7 \times 60,8}{58,56} = 20,45\ g/t$$

$$Rdt\ cyanuration\ = \frac{20,45 \times 58,56 - 0,99 \times 58,56 \times 1,35}{20,45 \times 58,56} \cdot 100 = 93,45\ \%$$

$$Rdt\ global\ =\ 0,8872 \times 1 \times 0,9345 \times 1 \times 0,98 \times 0,97 \times 0,99 \times 100$$
$$=\ 78\ \%$$
$$Poids\ Au\ produit\ =\ 1350 \times 0,75\ =\ 1053\ g\ d'Au$$

Production Cu

Poids Cu dans le rejet de concentration gravimétrique = Poids Cu minerai – Poids Cu concentré
$$=\ 100\ \times 0,016 - 100 \times 0,608 \times 0,019\ =\ 0,4448\ T$$

Poids Cu rejet qui se solubilisent à la lixiviation acide = 0,4448 × 0,84 = 0,37 T

Comme nous supposons que la séparation solide – liquide et la purification sont idéales (c'est-à-dire Rdt = 100 %), le poids de Cu qui arrive à la salle électrolyse Cu est la somme du Cu qui se solubilise et le Cu qui vient de la solution de digestion acide.

Poids Cu solubilisé total = 0,37 + 0,97 = 1,34 T
Poids Cu produit à l'électrolyse = 1,34 . 0,9 = 1,206 T
$$Rdt\ global\ Cu\ =\ \frac{1,206}{1,6} \cdot 100 = 75,4\%$$

Production Co

Poids Co rejet de concentration gravimétrique = 100.0,005 – 100.0,608.0,0067
$$=\ 0,5\ .\ 0,4 = 0,1\ T$$

Le cobalt étant moins noble que le cuivre, à l'électrolyse de Cu, la codéposition est nulle c'est-à-dire tout le Co reste dans la solution.

Poids Co solubilisé total = 0,1 + 0,38 = 0,48 T
Poids Co produit à l'électrolyse = 0,48 . 0,93 = 0,4464 T
$$Rdt\ global\ de\ récupération\ Co\ =\ \frac{0,4464}{0,5} \cdot 100 = 89\%$$

e.2. Détermination de la production Au, Cu, Co pour le flow-sheet b

Production Au

Poids Au minerai = 100 . 13,5 = 1350 g

$$Rdt\ de\ récupération\ Au\ à\ la\ lixiviation = \frac{Poids\ Au\ rejet}{Poids\ Au\ alimentation}.100$$

$$= \frac{0,9 \times 100 \times 15}{1350}.100 = 100\%$$

Ce qui est logique car tout l'Au passe dans les rejets

$$Rdt\ de\ cyanuration = \frac{Poids\ Au\ alimentation - Poids\ Au\ résidu}{Poids\ Au\ alimentation}.100$$

=91,03%

$$Rdt\ global = Rdt\ lixiviation\ acide \times Rdt\ cyanuration$$
$$\times Rdt\ séparation\ S/L \times Rdt\ cémentation$$
$$\times Rdt\ raffinage\ thermique \times Rdt\ électroraffinage$$
$$= 1 \times 0,9103 \times 1 \times 0,98 \times 0,97 \times 0,99 = 85,67\ \%$$

Poids Au produit = 1156,5 g d'Au

Production Cu

Rdt lix Cu = 84 %

$$Rdt\ global = Rdt\ lixiviation \times Rdt\ purification \times Rdt\ électrolyse$$
$$= 0,84 \times 1 \times 0,9 = 75,6\ \%$$

$$Poids\ Cu\ produit = 0,756 \times 100 \times 0,016 = 1,209\ T\ Cu$$

Production Co

$$Rdt\ global = Rdt\ lixiviation \times Rdt\ purification \times Rdt\ électrolyse$$
$$= 0,9275 \times 1 \times 0,93 = 86,25\ \%$$

$$Poids\ Co\ produits = 0,8625 \times 0,5 = 0,43\ T\ Co$$

Conclusion

En analysant, la production de ces deux flow-sheet nous constatons que :

- la production du cuivre et du cobalt est la même pour les deux dans la mesure où les deux lixiviations acides du flow-sheet a ont le même rendement de solubilisation Cu et Co que la lixiviation acide de b.

- le flow-sheet b produit plus d'or que le flow-sheet a avec un rendement de récupération global de 85.6% contre 75 % pour a . Cette différence est due principalement aux pertes en or au flow-sheet a à la concentration gravimétrique où 11.2 % d'or de l'alimentation sont perdus dans les rejets de la lixiviation acide.
- à la concentration gravimétrique, la grande partie de cuivre et de cobalt se retrouve dans le concentré. Ce qui nous permet de dire que l'or de ce minerai n'est pas libre, soit il est occlus dans les minéraux de Cu et Co ou soit disséminé dans le minerai.

Compte tenu de ces constats, nous pouvons adopter à ce niveau (sans calcul économique) le flow-sheet b. D'ailleurs, il est souple c'est-à-dire court parce que le flow-sheet a des opérations unitaires que b n'a pas (Concentration et digestion acide). Ce qui entraîne une diminution des coûts d'entretien, d'investissement et d'exploitation.

Table des index

C

cémentation · 105, 113, 114, 118, 131, 144, 147, 148, 150
Comparaison pyrométallurgie - hydrométallurgie · 106
conversion · 50
convertissage · 24, 45, 50, 77

E

électrolyse · 24, 105, 114, 116, 118, 126, 127, 129, 130, 131, 132, 133, 134, 135, 136, 138, 139, 140, 141, 144, 148, 149, 150
enthalpie · 17, 18, 19, 20, 23, 24, 35, 36, 37, 38, 40, 42, 43

G

grillage · 31, 32, 34, 44, 45, 46, 47, 48, 49, 65, 88, 89, 95, 96, 124

L

lixiviation · 48, 107, 108, 109, 110, 111, 112, 113, 121, 122, 124, 125, 126, 127, 128, 129, 131, 139, 143, 147, 149, 150, 151

M

matte · 45, 47, 48, 49, 50, 55, 56, 57, 58, 59, 60, 62, 64, 65, 66, 67, 68, 69, 70, 71, 72, 73, 74, 75, 76, 77, 78, 79, 80, 81, 82, 83, 84, 85, 86, 88, 95, 96, 97, 98
mattes · 48, 105

Références

[1]-G. Ilunga M et al., Hydrométallurgie du cuivre : Grillage – Lixiviation – SX – Electro-extraction, 2RA-Publishing, Cape Town – South Africa, 2016.

[2]-R. Rumbu, Métallurgie Extractive des Non-Ferreux – Pratiques Industrielles, 3rd Edition, 2RA-Publishing, Cape Town – South Africa, 2015.

[3]-R. Rumbu, Métallurgie extractive du cobalt, 2RA-Publishing, Cape Town – South Africa, 2012.

Les auteurs

Didier WAMANA Ngoie

- Ingénieur Civil Métallurgiste de l'Université de Lubumbashi en 1998 ;
- Diplômé en agrégation à la faculté de Psychologie et sciences de l'éducation de l'Université de Lubumbashi en 1998 ;
- Degree of Master of Business Administration ; University of South Africa 2012
- Assistant d'enseignement à L'université de Likasi
- Chargé de cours à L'Ecole de Gouvernance Economique et Politique (ECOPO)
- Directeurs d'usines métallurgiques
- Consultant en projet et construction d'usines métallurgiques.

Roger RUMBU Kayimbu Mutombo,

- Ingénieur Civil Métallurgiste de l'Université de Lubumbashi - 1991 ;
- Programme in Project Management Certificate – Université de Prétoria - Afrique du Sud - 2014.
- Certificate in Business of Mining, Curtin University - Australie - 2016.
- Assistant d'enseignement à l'Université de Lubumbashi.
- Assistant d'enseignement à l'Institut Supérieur des Techniques Appliquées de Kolwezi.
- Directeur d'usines métallurgiques.
- Directeur de centre de recherches métallurgiques et minières.

Prof. Gaby ILUNGA MUTOMBO
Professeur Ordinaire

- Professeur de Métallurgie Extractive et d'Informatique ;
- Ingénieur Métallurgiste de l'Université de Lubumbashi (1976) ;
- Chercheur à l'Université Libre de Bruxelles (1977-1982) ;
- Docteur en Sciences Appliquées, Université de Lubumbashi (1984) ;
- Chef de Service de Métallurgie Extractive Faculté Polytechnique,
- Université de Lubumbashi depuis 2001 ;
- Vice-Doyen Chargé de l'Enseignement, Faculté Polytechnique (1999 – 2008)
- Doyen de la Faculté Polytechnique, Université de Lubumbashi (2010-2012) et de 2016 jusqu'à ce jour;
- Directeur du Service des Ressources Informatiques, Université de Lubumbashi depuis 2004;
- Directeur du Département Informatique de Gécamines Sarl (2005 – 2015).
- Vice-Président du Conseil de Gérance de Kisanfu Mining (KIMIN) Sprl depuis 2010 – 2014 ;
- Administrateur à Kisanfu Mining (KIMIN) depuis 2015
- Email : Gabriel.Mutombo@unilu.ac.cd

Chez le même éditeur dans la même collection

Le transport par bennes en mines à ciel ouvert par Chiyey Kanyik Tesh – ISBN : 978-1518659164.

Machines minières - Tome 1 : Mobiles et semi-mobiles par Chiyey Kanyik Tesh – ISBN : 978-1491058152.

Les Machines minières - Tomes 2 : Fixes par Chiyey Kanyik Tesh – ISBN : 978-1500975722.

Contrôle géologique de l'exploitation minière - TOME 1 : Investigation géologique, Géométrisation du gisement et Sélectivité minière par Albert KALAU – ISBN : 978-1523840052

2RA - PUBLISHING

Sandton, R.S.A.

Novembre 2016

ISBN: 978-1535582513

Email: edition@2ra-company.com

www.ingramcontent.com/pod-product-compliance
Lightning Source LLC
Chambersburg PA
CBHW070245190526
45169CB00001B/314